序

AI 人工智慧時代來臨,需選用正確工具,才能迎向新的機會與挑戰。筆者從事 AI 人工智慧稽核相關工作多年,JCAATs 為 AI 語言 Python 所開發的新一代稽核軟體,可同時於 PC 或 MAC 環境執行,除具備傳統電腦輔助稽核工具(CAATs)的數據分析功能外,更包含許多人工智慧功能,如文字探勘、機器學習、資料爬蟲等,讓稽核分析可以更加智慧化。

透過 AI 稽核軟體 JCAATs,可分析大量資料,其開放式資料架構,可與多種資料庫、雲端資料源、不同檔案類型介接,讓稽核資料收集與融合更方便快速,繁體中文與視覺化使用者介面,不熟悉 Python 語言稽核人員也可以透過介面簡易操作,輕鬆快速產出 Python 稽核程式,並可與廣大免費之開源 Python 程式資源整合,讓您的稽核程式具備擴充性和開放性,不再被少數軟體所限制。

SAP 是目前企業使用最普遍的 ERP 系統,其由 R3 版到目前最新版的 HANA 版,數以萬計的 Table 不容易熟悉與了解,致查核人員對 SAP 常有「不知從何開始查核的疑慮」?Jacksoft AI 稽核學院準備一系列 SAP ERP 電腦稽核實務課程,透過最新的人工智慧稽核技術與實務演練教學方式,可有效協助廣大使用 SAP ERP 系統的企業,善用資料分析與智能稽核,快速掌握風險,提升價值。

本教材以生產循環存貨管理為重點,不當管理可能導致資金滯留、存貨損失以及生產延遲等問題。透過 JCAATs AI 稽核軟體,可快速分析不同來源的大數據資料,檢查存貨異動記錄,包括進貨、銷售、領料、退料、調撥等,運用最新 AI 文字探勘技術,如關鍵字和文字雲,快速找出異常情況的潛在原因,協助更有效地管理風險。歡迎會計師、稽核專業人士、財務專家、管理層、大專院校師生以及對智能稽核感興趣的人,共同學習和交流。

JACKSOFT 傑克商業自動化股份有限公司
黃秀鳳總經理
2023/09/08

電腦稽核專業人員十誡

ICAEA 所訂的電腦稽核專業人員的倫理規範與實務守則，以實務應用與簡易了解為準則，一般又稱為『電腦稽核專業人員十誡』。 其十項實務原則說明如下：

1. 願意承擔自己的電腦稽核工作的全部責任。
2. 對專業工作上所獲得的任何機密資訊應要確保其隱私與保密。
3. 對進行中或未來即將進行的電腦稽核工作應要確保自己具備有足夠的專業資格。
4. 對進行中或未來即將進行的電腦稽核工作應要確保自己使用專業適當的方法在進行。
5. 對所開發完成或修改的電腦稽核程式應要盡可能的符合最高的專業開發標準。
6. 應要確保自己專業判斷的完整性和獨立性。
7. 禁止進行或協助任何貪腐、賄賂或其他不正當財務欺騙性行為。
8. 應積極參與終身學習來發展自己的電腦稽核專業能力。
9. 應協助相關稽核小組成員的電腦稽核專業發展，以使整個團隊可以產生更佳的稽核效果與效率。
10. 應對社會大眾宣揚電腦稽核專業的價值與對公眾的利益。

目錄

Python Based 人工智慧稽核軟體

運用AI人工智慧
協助SAP ERP存貨管理
電腦稽核實例演練

Copyright © 2023 JACKSOFT.

傑克商業自動化股份有限公司

JACKSOFT為經濟部能量登錄電腦稽核與GRC(治理、風險管理與法規遵循)專業輔導機構，服務品質有保障

國際電腦稽核教育協會
認證課程

JCAATs-AI Audit Software

Copyright © 2023 JACKSOFT.

存貨盜用舞弊鑑識查核實務案例

U.S. SECURITIES AND EXCHANGE COMMISSION

Search SEC.gov

COMPANY FILINGS

ABOUT | DIVISIONS & OFFICES | ENFORCEMENT | REGULATION | EDUCATION | FILINGS | NEWS

Newsroom
Press Releases
Speeches and Statements
SEC Stories
Securities Topics
Media Kit
Press Contacts
Events
Webcasts
Media Gallery
▸ RSS Feeds

Press Release

SEC Charges Manitex International and Three ... Accou...

FOR IMMEDIA
2020-237

Washington D (
settled charges,
distributor of cr
accounting frau

According to the
about nonexiste
Chief Operating
created false in
at another of M
fabricated docu
and recorded th
overstated its 2

Related Materials

pocketnow   Reviews   Editorials   Videos   Podcast   Deals   Pocketnow en Españ

Phones   ↑ 905

Foxconn manager indicted on theft, fraudulent iPhone sales

by JULES WANG
DECEMBER 4, 2016 11:34 PM

Full Article
Comments

A Mr. Tsai may spend the next ten years in jail if he is found guilty of breach of trust — in this case, stealing iPhone 5 and 5s units from testing labs and selling them in the open market.

The defendant was a former senior manager at Foxconn, Apple's top assembly partner for the iPhone, and was identified only as Tsai. He was indicted on Friday.

It is alleged that from 2013 to 2014, he delegated eight subordinates to acquire non-retail testing phones (as opposed to iPhone 7 metal casing shells) and sell them to stores in Shenzhen, China.

SEC.gov | SEC Charges Manitex International and Three Former Senior Executives With Accounting Fraud

2

存貨之定義

存貨之定義：國際會計準則第2號(IAS 2)

存貨係指符合下列任一條件之資產：

(1)持有供正常營業過程出售者；

(2)正在製造過程中以供前述銷售者；或

(3)將於製造過程或勞務提供過程中消耗之原料或物料。

買賣業：	製造業：
商品存貨	原料、在製品與製成品

存貨的主要來源：

- **一般性存貨**
- 策略性存貨
- **管理不當所衍生的存貨**

3

如何規劃適當的存貨管理制度?

一般性存貨：

1. 建立準確的銷售預測
2. 依據生產計劃來採購原物料
3. 決定適當的經濟訂購量
4. 再訂購點的決定
5. 安全存量的規劃

策略性存貨：

1. 找尋可靠的供應商
2. 簽定長期供貨合約
3. 做好市場調查
4. 具體可行的行銷策略

4

呆滯存貨之定義及來源

呆滯存貨之定義：

原物料、在製品及製成品，因沒有明確之需求或無法銷售而囤積在倉庫有一段相當期間之存貨。

呆滯存貨之來源：

其來源即可能來自前述不當存貨產生的原因而造成存貨的呆滯。

不當存貨產生的原因

部門	可能原因	查核重點
研發	1. 產品設計變更，導致原設計下之原物料無法使用 2. BOM表中設定之製程損耗過高	1. 查核BOM表的變更流程，並檢視BOM表的生效及失效日期 2. 查核BOM表是否定期維護，並檢視損耗率是否適當
業務	1. 銷售預測錯誤，未能及時更正導致採購與生產存貨過多 2. 銷貨訂單變更，採購與製造單位未能及時因應	1. 查核公司銷售預測計畫是否定期檢討及維護 2. 查核公司訂單變更單建立作業，並檢視是否適時進行指定結案作業

不當存貨產生的原因(續)

部門	可能原因	查核重點
生管	1.未依生產計劃規劃排程,產生不當的採購需求 2.生產計劃變更未及時通知採購及製造單位,造成存貨增加	1.查核BOM表的變更流程,並檢視BOM表的生效及失效日期 2.檢視公司製令變更之建立與維護作業是否落實
倉管	1.超額收料-驗收入庫數量大於採購數量 2.倉庫管理不當,盤點不確實,以為盤損,但購入後才發現進貨太多	1.查核公司驗收單之建立是否核對採購單,若允許超收是否經適當人員核准 2.不定時進行庫存之抽點並與帳上存貨明細帳進行核對

不當存貨產生的原因(續)

部門	可能原因	查核重點
採購	1.採購數量大於需求數量 2.採購時間過早,導致需求變更時可能已驗收入庫 3.採購變更處理不夠及時或未落實,以致進了不該進的貨品 4.經濟訂購量或安全存量設定過高,造成存貨增加	1.查核公司採購單之建立是否依請購單而來,並經適當人員核准 2.檢視公司生產計劃、目前庫存量及採購前置期間之用料量三者是否相互配合 3.確認公司採購變更單建立作業是否落實,並檢視是否適時進行指定結案作業 4.查核經濟訂購量及安全存量之維護與變更是否落實

不當存貨產生的原因(續)

部門	可能原因	查核重點
製造	1.超額生產，導致半成品及成品的存貨增加	1.查核製令工單是否依生產計劃來開立
	2.生產線用料管理不當或剩料未退回倉庫，盤點時才發現生產線有存貨	2.查核領料單是否核對製令，並檢視生產完工後之退料程序是否落實

9

如何有效降低呆滯存貨

1. 找出存貨呆滯發生的原因

2. 定期召開存貨呆滯檢討會議

3. 擬定呆滯存貨矯正與預防對策

4. 擬定處理進度並定期追蹤相關權責單位之改善情形

10

存貨管理電腦稽核

可能威脅	風險暴露		查核重點
呆滯庫存	■ 成本超支 ■ 存貨紀錄錯誤		1. 存貨庫齡查核 2. 現有庫存量是否未達安全庫存量? 3. 安全庫存量是否正確設定? 4. 原物料庫存呆滯查核 5. 成品庫存呆滯查核 6. 存貨盤點抽樣資料分析...................
停工待料	■ 生產延誤 ■ 訂單違約損失 ■ 成本超支		
存貨遭竊	■ 財產損失		

11

AI時代的稽核分析工具

Structured Data vs Unstructured Data

 An Enterprise

New Audit Data Analytic =

Data Analytic + Text Analytic + Machine Learning

Source: ICAEA 2021

Data Fusion: 需要可以快速融合異質性資料提升資料品質與可信度的能力。

12

電腦輔助稽核技術(CAATs)

– **稽核人員角度**所設計的通用稽核軟體，有別於以資訊或統計背景所開發的軟體，以資料為基礎的Critical Thinking(批判式思考)，**強調分析方法論**而非僅工具使用技巧。

– 適用不同來源與各種資料格式之檔案匯入或系統資料庫連結，其特色是強調有科學依據的抽樣、資料勾稽與比對、檔案合併、日期計算、資料轉換與分析，**快速協助找出異常。**

– 由傳統大數據分析 往 AI人工智慧智能分析發展。

C++語言開發
付費軟體
Diligent Ltd.

以VB語言開發
付費軟體
CaseWare Ltd.

以Python語言開發
免費軟體
美國楊百翰大學

JCAATs-
AI稽核軟體
--Python Based

13

Audit Data Analytic Activities

ICAEA 2022 Computer Auditing:
The Forward Survey Report

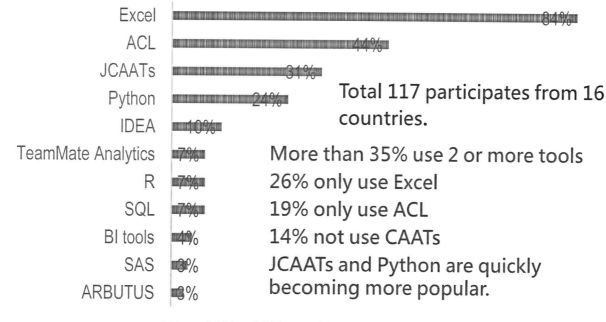

Total 117 participates from 16 countries.

More than 35% use 2 or more tools

26% only use Excel

19% only use ACL

14% not use CAATs

JCAATs and Python are quickly becoming more popular.

14

AI Audit Software
人工智慧新稽核

　　JCAATs為 AI 語言 Python 所開發新一代稽核軟體，遵循AICPA稽核資料標準，具備傳統電腦輔助稽核工具(CAATs)的**數據分析功能**外，更包含許多人工智慧功能，如**文字探勘**、**機器學習**、**資料爬蟲**等，讓稽核分析更加智慧化，提升稽核洞察力。

　　JCAATs功能強大且易於操作，可分析大量資料，開放式資料架構，可與**多種資料庫**、**雲端資料源**、**不同檔案類型**及 ACL 軟體介接，讓稽核資料收集與融合更方便與快速。**繁體中文與視覺化使用者介面**，不熟悉 Python 語言的稽核或法遵人員也可透過**介面簡易操作**，輕鬆產出 Python 稽核程式，並可與廣大免費之開源 Python 程式資源整合，讓稽核程式具備**擴充性和開放性**，不再被少數軟體所限制。

15

JCAATs 人工智慧新稽核

Through JCAATs Enhance your insight
Realize all your auditing dreams

繁體中文與視覺化的使用者介面

Run both on Mac and Windows OS

Modern Tools for Modern Time

16

JCAATs AI人工智慧新稽核

機器學習 & 人工智慧

| 離群分析 | 集群分析 | 學習 | 預測 | 趨勢分析 |

多檔案一次匯入

ODBC資料庫介接

OPEN DATA 爬蟲

雲端服務連結器

SAP ERP

資料融合

文字探勘

模糊比對

模糊重複

關鍵字

文字雲

情緒分析

| 視覺化分析 | 資料驗證 | 勾稽比對 | 分析性複核 | 數據分析 |

大數據分析

JACKSOFT為經濟部技術服務能量登錄AI人工智慧專業訓練機構
JCAATs軟體並通過AI4人工智慧行業應用內部稽核與作業風險評估項目審核

17

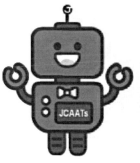

智慧化海量資料融合

人工智慧文字探勘功能

稽核機器人自動化功能

人工智慧機器學習功能

18

國際電腦稽核教育協會線上學習資源

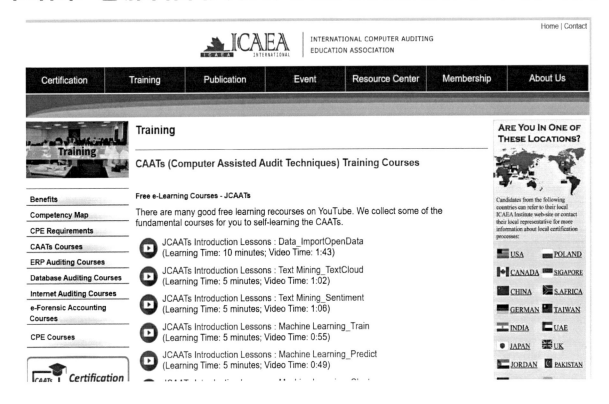

https://www.icaea.net/English/Training/CAATs_Courses_Free_JCAATs.php

19

AI人工智慧新稽核生態系

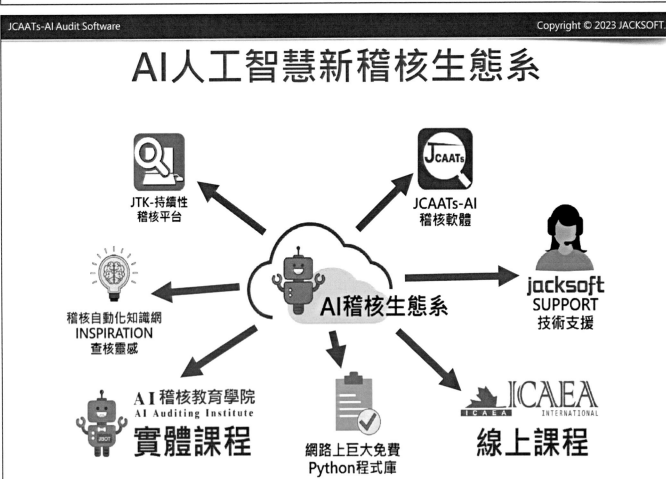

20

使用Python-Based軟體優點

- 運作快速
- 簡單易學
- 開源免費
- 巨大免費程式庫
- 眾多學習資源
- 具備擴充性

21

JCAATs指令說明—分層(Stratify)

在JCAATs系統中,提供使用者檢查數字資料分層的指令為分層(Stratify),可應用於查核異常庫存數量、庫存金額等⋯⋯。讓查核人員可以快速的進行分層分析工作。

22

武功秘笈- 分層大法

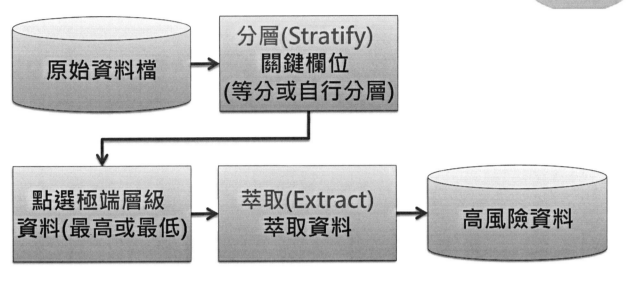

23

JCAATs-AI Audit Software

Copyright © 2023 JACKSOFT.

武功秘笈- 分層大法

(連續或自行分層)

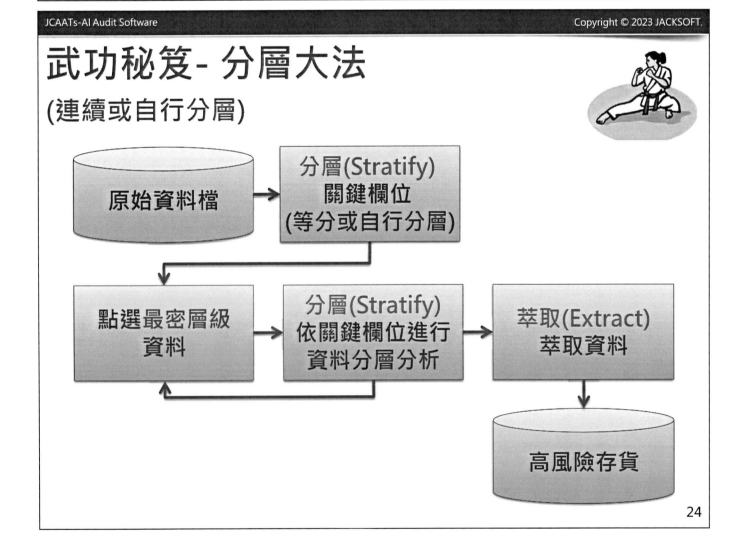

24

JCAATs指令說明—比對(Join)

在JCAATs系統中，提供使用者可以運用**比對(Join)** 指令，透過相同鍵值欄位結合兩個資料檔案進行比對，並產出成第三個比對後的資料表。

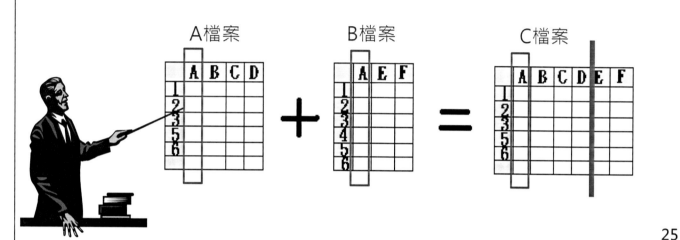

A檔案　　　　　　B檔案　　　　　　C檔案

25

比對 (Join)指令使用步驟

1. 決定比對之目的
2. 辨別比對兩個檔案資料表，主表與次表
3. 要比對檔案資料須屬於同一個JCAATS專案中。
4. 兩個檔案中需有共同特徵欄位/鍵值欄位
   (例如：員工編號、身份證號)。
5. 特徵欄位中的資料型態、長度需要一致。
6. 選擇比對(Join)類別:
   A. Matched Primary with the first Secondary
   B. Matched All Primary with the first Secondary
   C. Matched All Secondary with the first Primary
   D. Matched All Primary and Secondary with the first
   E. Unmatched Primary
   F. Many to Many

26

比對(Join)的六種分析模式

➤ 狀況一：保留對應成功的主表與次表之第一筆資料。
　　　　(Matched Primary with the first Secondary)

➤ 狀況二：保留主表中所有資料與對應成功次表之第一筆資料。
　　　　(Matched All Primary with the first Secondary)

➤ 狀況三：保留次表中所有資料與對應成功主表之第一筆資料。
　　　　(Matched All Secondary with the first Primary)

➤ 狀況四：保留所有對應成功與未對應成功的主表與次表資料。
　　　　(Matched All Primary and Secondary with the first)

➤ 狀況五：保留未對應成功的主表資料。
　　　　(Unmatched Primary)

➤ 狀況六：保留對應成功的所有主次表資料
　　　　(Many to Many)

JCAATs 比對(JOIN)指令六種類別

比對類型

 ● Matched Primary with the first Secondary

 ○ Matched All Primary with the first Secondary

 ○ Matched All Secondary with the first Primary

 ○ Matched All Primary and Secondary with the first

 ○ Unmatch Primary

 ○ Many to Many

比對(Join)練習基本功：

主要檔　　　　　　　　　次要檔

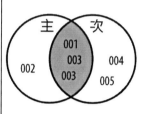

① Matched Primary with the first Secondary

⑤ Unmatched Primary

Empno	Cheque Amount	Pay Per Period
001	$1850	$1850
003	$1000	$2000
003	$1000	$2000

Empno	Cheque Amount
002	$2200

29

比對(Join)練習基本功：

主要檔　　　　　　　　　次要檔

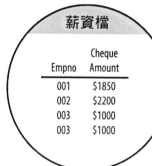

② Matched All Primary with the first Secondary

③ Matched All Secondary with the first Primary

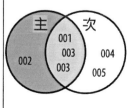

Empno	Cheque Amount	Pay Per Period
001	$1850	$1850
002	$2200	$0
003	$1000	$2000
003	$1000	$2000

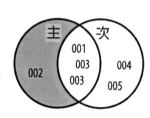

Empno	Cheque Amount	Pay Per Period
001	$1850	$1850
003	$1000	$2000
003	$1000	$2000
004	$0	$1975
005	$0	$2450

30

比對(Join)練習基本功:

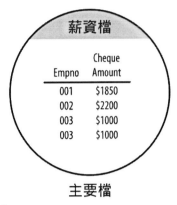

主要檔

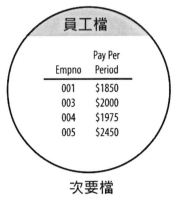

次要檔

 **Matched All Primary and Secondary with the first**

輸出檔

Empno	Cheque Amount	Pay Per Period
001	$1850	$1850
002	$2200	$0
003	$1000	$2000
003	$1000	$2000
004	$0	$1975
005	$0	$2450

31

比對(Join)練習基本功:

Payroll Ledger

Empno	Cheque Amount	Pay Date
006	$2100	15 Jan 11
006	$2100	31 Jan 11
006	$2300	15 Feb 11
006	$2300	28 Feb 11

Primary Table

Employee Records

Empno	Pay Per Period	Start Date
004	$1975	19 Oct 09
005	$2450	17 May 10
006	$2100	15 Sep 08
006	$2300	01 Feb 11

Secondary Table

1. 找出支付單與員工檔中相同員工代號所有相符資料
2. 篩選出正確日期之資料
3. 比對支付單中實際支付與員工檔中記錄薪支是否相符

Many-to-Many

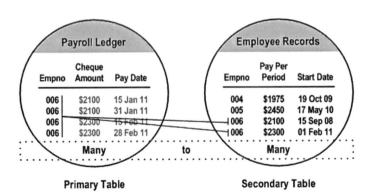

Output Table

Empno	Pay Per Period	Cheque Amount	Start Date
006	$2100	$2100	2008-09-15
006	$2100	$2100	2008-09-15
006	$2100	$2300	2008-09-15
006	$2100	$2300	2008-09-15
006	$2300	$2100	2011-02-01
006	$2300	$2100	2011-02-01
006	$2300	$2300	2011-02-01
006	$2300	$2300	2011-02-01

32

分析武功秘笈-關鍵字大法

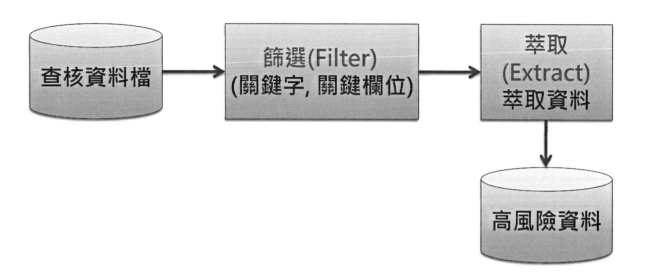

查核資料檔 → 篩選(Filter) (關鍵字, 關鍵欄位) → 萃取 (Extract) 萃取資料 → 高風險資料

33

AI智能稽核專案執行步驟

> 可透過JCAATs AI稽核軟體，有效完成專案，
> 包含以下六個階段：

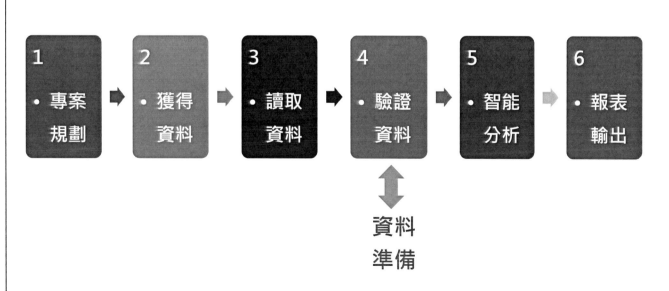

1 • 專案規劃 ➤ 2 • 獲得資料 ➤ 3 • 讀取資料 ➤ 4 • 驗證資料 ➤ 5 • 智能分析 ➤ 6 • 報表輸出

資料
準備

34

專案規劃

查核項目	生產循環查核		存放檔名	存貨管理查核
查核目標	針對存貨明細與異動紀錄檔進行分析, 協助有效盤點與管理			
查核說明	針對存貨異動紀錄分析進、銷、領、退料、轉倉調撥、虛擬倉、費領費退....等異常情況。			
查核程式	1. 存貨分層分析 2. 存貨幽靈倉儲查核 3. 存貨呆滯查核 4.			
資料檔案	MAKT(物料說明檔)、 MARA(物料清單)、 CKMLHD_CKMLCR(物料成本)、 T001L(物料儲存位置)、 MSEG(異動紀錄單頭檔)、 MKPF(異動紀錄單身檔)			
所需欄位	請詳後附件明細表			

35

獲得資料

- 稽核部門可以寄發稽核通知單，通知資訊單位準備之資料及格式。

- 檔案資料：
  - ☑ 物料儲存位置(T001L)
  - ☑ 物料庫存(MARD)
  - ☑ 物料庫存_歷史(MARDH)
  - ☑ 物料成本 (CKMLHD_CKMLCR)
  - ☑ 物料清單(MARA)
  - ☑ 物料說明檔(MAKT)
  - ☑ 異動記錄單身檔(MSEG)
  - ☑ 異動紀錄單頭檔(MKPF)

稽核通知單

受文者	A電子股份有限公司　　　　資訊室	
主旨	為進行公司庫存管理作業例行性查核工作，請 貴單位提供相關檔案資料以利查核工作之進行。所需資訊如下說明。	
說明		
一、	本單位擬於民國XX年XX月XX日開始進行為期X天之例行性查核，為使查核工作順利進行，謹請在XX月XX日前 惠予提供XXXX年XX月XX日至XXXX年XX月XX日之相關明細檔案資料，如附件。	
二、	依年度稽核計畫辦理。	
三、	後附資料之提供，若擷取時有任何不甚明瞭之處，敬祈隨時與稽核人員聯絡。	
請提供檔案明細：		
一、	料件主檔,異動記錄檔存貨明細檔,倉庫主檔異動紀錄檔，請提供包含欄位名稱且以逗號分隔的文字檔，並提供相關檔案格式說明(請詳附件)	
稽核人員：John		稽核主管：Sherry

36

獲得資料

中文名稱	資料表名稱	ERP類別	備註
物料儲存位置檔	T001L	SAP	
物料庫存檔	MARFD	SAP	
物料庫存歷史檔	MARDH	SAP	
物料清單	MARA	SAP	
物料說明檔	MAKT	SAP	
異動記錄單身檔	MSEG	SAP	
異動紀錄單頭檔	MKPF	SAP	

物料儲存位置(T001L)

序號	欄位名稱	意義	型態	備註
1	LGORT	倉庫號碼	C	KEY
2	LGOBE	倉庫說明	C	
3	SPART	部門	C	

- C：文字欄位
- N：數字欄位
- D：日期欄位

※資料筆數：3,775

物料庫存(MARD)

序號	欄位名稱	意義	型態	備註
1	MATNR	物料號碼	C	KEY
2	LFGJA	會計年度	N	
3	LFMON	過帳期間	N	
4	LABST	庫存量	N	

- C：文字欄位
- N：數字欄位
- D：日期欄位

※資料筆數：8,820

物料庫存_歷史(MARDH)

序號	欄位名稱	意義	型態	備註
1	MATNR	物料號碼	C	KEY
2	LFGJA	會計年度	N	
3	LFMON	過帳期間	N	
4	LABST	庫存量	N	

- C：文字欄位
- N：數字欄位
- D：日期欄位

※資料筆數：147,826

物料成本檔(CKMLHD_CKMLCR)

序號	欄位名稱	意義	型態	備註
1	KALNR	成本估算號碼	C	KEY
2	BDATJ	過帳日期	N	YYYY
3	POPER	過帳期間	N	
4	PEINH	價格單位	C	
5	PVPRS	定期單價	N	
6	STPRS	標準成本	N	
7	WAERS	幣別碼	C	
8	BWKEY	評價範圍	C	
9	MATNR	物料號碼	C	

- C：文字欄位
- D：日期欄位
- N：數字欄位

※資料筆數：84,177

41

物料清單(MARA)

序號	欄位名稱	意義	型態	備註
1	MATNR	物料號碼	C	KEY
2	GROES	大小/尺寸	C	
3	MEINS	計量單位	C	
4	ERNAM	建立者	C	
5	ERSDA	建立日期	D	YYYY/MM/DD
6	LAEDA	最後更改日期	D	YYYY/MM/DD

- C：文字欄位
- N：數字欄位
- D：日期欄位

※資料筆數：84,177

42

物料說明檔(MAKT)

序號	欄位名稱	意義	型態	備註
1	MATNR	物料號碼	C	KEY
2	MAKTX	物料說明	C	

- C：文字欄位
- N：數字欄位
- D：日期欄位

※資料筆數：84,126

43

異動紀錄單身檔(MSEG)

序號	欄位名稱	意義	型態	備註
1	MBLNR	物料文件號碼	C	KEY
2	WERKS	工廠	C	
3	EBELN	採購單號碼	C	
4	EBELP	採購單項次	N	
5	MENGE	數量	N	
6	WAERS	幣別	C	
7	DMBTR	金額_本幣	N	
8	LIFNR	供應商帳號	C	
9	KUNNR	客戶帳號	C	
10	BWART	異動類型	C	
11	UMLGO	收/發貨儲存地點	C	
12	LGORT	倉庫號碼	C	
13	MATNR	物料號碼	C	

※資料筆數：165,455

44

異動紀錄單頭檔(MKPF)

序號	欄位名稱	意義	型態	備註
1	MBLNR	物料文件號碼	C	KEY
2	BUDAT	單據日期	D	YYYY/MM/DD
3	MJAHR	文件年度	N	
4	BLART	文件類型	C	
5	CPUDT	建立日期	D	YYYY/MM/DD
6	USNAM	建立者	C	
7	BKTXT	文件表頭內文	C	

- C：文字欄位
- N：數字欄位
- D：日期欄位

※資料筆數：91,755

讀取資料

資料倉儲與JCAATs的結合功能優點

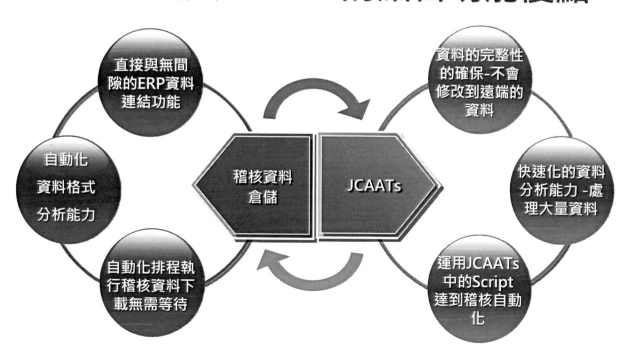

SAP ERP 資料 萃取方法補充說明

1. T_CODE下載
2. JCAATs SAP ODBC Connector

47

SAP ERP 版本

SAP R/1 → SAP R/2 → SAP R/3 → SAP ECC → SAP Business Suite on HANA → SAP S/4 HANA →

➢ **SAP R/2:** 基於SAP Main frame的ERP系統。

➢ **SAP R/3:** 在1997年，當SAP轉換到client server架構，稱為SAP R/3 (3 Tier Architecture)。也稱MySAP business suite。

➢ **SAP ECC:** SAP推出了6.0的新版本，並將其更名為ECC (ERP Core Component)。

➢ **SAP Business Suite on HANA:** 介於S/4 HANA 和 ECC 6 EHP7 之間的版本，具備HANA的功能或提高效能。

➢ **SAP S/4 HANA:** SAP推出自己可以處理大數據的HANA資料庫 (以前大多搭配Oracle資料庫)，並將其ERP產品遷移到HANA。

➢ **SAP S/4 HANA on cloud:** S/4 HANA 也可以在雲上使用，它被稱為S/4 HANA cloud。

48

SAP 整合功能架構圖

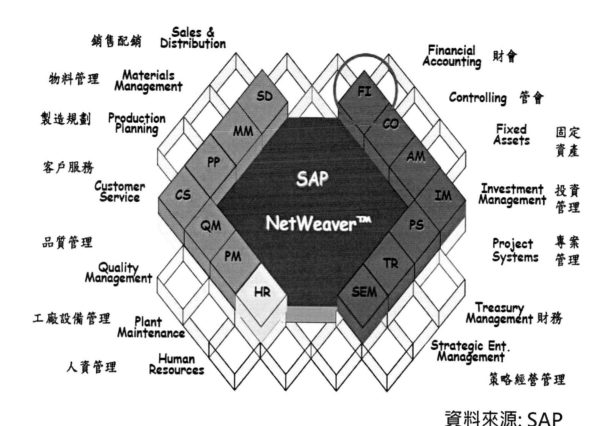

銷售配銷　Sales & Distribution
物料管理　Materials Management
製造規劃　Production Planning
客戶服務　Customer Service
品質管理　Quality Management
工廠設備管理　Plant Maintenance
人資管理　Human Resources

Financial Accounting　財會
Controlling　管會
Fixed Assets　固定資產
Investment Management　投資管理
Project Systems　專案管理
Treasury Management　財務
Strategic Ent. Management　策略經營管理

SAP NetWeaver™

資料來源: SAP

SAP ERP 查核項目

294 頁

608 頁

常見SAP ERP資料擷取方法

- ABAP Programming
- ABAP 4 Query
- SAP Data browser
- 由查詢畫面或報表儲存資料

1. T_CODE下載
2. JCAATs SAP ODBC Conne

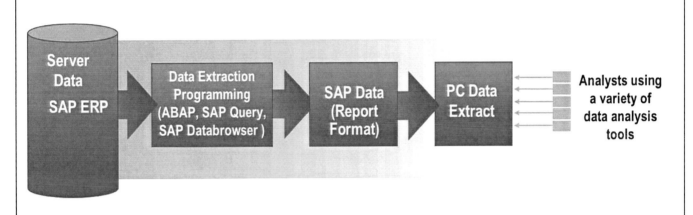

Analysts using a variety of data analysis tools

51

若您使用SAP S/4 要將列表資料匯出到Excel:
Step1：Download 下載將列表內容儲存於檔案中
Step2: 選擇存檔格式 (Text with Tabs)

T_CODE下載:
SE16

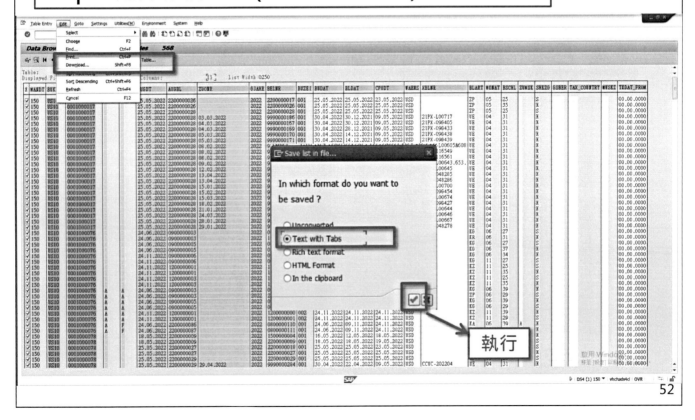

52

JCAATs
SAP ERP 稽核
資料倉儲解決方案

53

SAP ERP 電腦稽核現況與挑戰

- 查核項目之評估判斷
- 大量的系統畫面檢核與報表分析
- SAP資料庫之資料表數量龐大且關係複雜

海量資料
快速分析

- 資料庫權限控管問題
- 可能需下載大量記錄資料
- SAP系統效能的考量

54

稽核資料倉儲
提高各單位生產力與加快營運知識累積與發揮價值

- 依據國際IIA 與 AuditNet 的調查,分析人員進行電腦資料分析與檢核最大的瓶頸來至於資料萃取,而營運分析資料倉儲建立即可以解決此問題,使分析部門快速的進入到持續性監控的運作環境。

- 營運分析資料倉儲技術已廣為使用於現代化的企業,其提供營運分析部門將所需要查核的相關資料進行整合,提供營運分析人員可以獨立自主且快速而準確的進行資料分析能力。

- 可減少資料下載等待時間、資料管理更安全、分析與檢核底稿更方便分享、24小時持續性監控效能更高。

建構稽核資料倉儲優點

	特性	建構稽核資料倉儲優點	未建構缺點
1	資訊安全管理	區別資料與查核程式於不同平台資訊安全管理較嚴謹與方便	混合查核程式與資料,資訊安全管理較複雜與困難
2	磁碟空間規劃	磁碟空間規劃與管理較方便與彈性	較難管理與預測磁碟空間需求
3	異質性資料	因已事先處理,稽核人員看到的是統一的資料格式,無異質性的困擾	稽核人員需對異質性資料處理,有技術性難度
4	資料統一性	不同的稽核程式,可以方便共用同一稽核資料	稽核資料會因不同分析程式需要而重複下載
5	資料等待時間	可事先處理資料,無資料等待問題	需特別設計
6	資料新增週期	動態資料新增彈性大	需特別設計
7	資料生命週期	可以設定資料生命週期,符合資料治理	需要特別設計
8	Email通知	可自動email 通知資料下載執行結果	需人工自行檢查
9	Window統一檔案權限管理	由Window作業系統統一檔案的權限管理,資訊單位可以透過AD有效確保檔案安全	資料檔案分散於各機器,管理較困難,或需購買額外設備管理

JCAATs
-SAP ERP資料
連結器資料下載

57

JCAATs SAP ERP資料連結器
匯入步驟說明:

一.JCAATs 專業版加購SAP ERP 資料連結器模組

二.JCAATs SAP ERP 資料連結器特色說明

三.如何快速進行SAP ERP資料下載步驟說明

(一)開啟JCAATs AI稽核軟體專案

(二)新增JCAATs 專案資料表

(三)啟動匯入精靈

　1) JCAATs SAP ERP 資料連結器設定

　2) 依通用稽核字典進行欄位檢索，選取查核標的

　3) JCAATs SAP ERP連結器使用介面

　4) JCAATs SAP ERP連結器資料匯入結果畫面

＊以上實際操作使用方式，請JCAATs 專業版客戶，上AI稽核教育學院
　維護客戶服務專區觀看線上教學影片

58

SAP ERP 資料萃取特色比較

特色比較	SAP ERP 資料連結器	TCODE
智慧化查詢	多樣化查詢條件（可依表格名稱、描述、欄位名稱、欄位描述查詢）模組化查詢（依SAP連結器）預覽查詢結果	僅能輸入表格名稱查詢 僅能由SAP畫面表單欄位回查表格，無法模組查詢
便利化使用	資料下載匯入步驟簡易，只需點選下載按鈕，只需一步驟即可完成JCAATs資料下載與匯入	資料下載匯入步驟繁瑣：(1)下載為Excel檔、(2)去除Excel表頭資訊、(3)定義資料欄位格式匯入JCAATs
資料下載量	資料下載透過SAP ABAP程式 RFC 接口方式來下載資料，相關下載資料大小限制，由SAP ERP Server來限制	即使新Excel版本可高達1,048,576筆資料，當處理大數據時仍會出現開啟和執行上的困難

59

SAP ERP 資料萃取特性比較

特色比較	SAP ERP 資料連結器	TCODE
效能提升性	傳統遠程訪問中，效能瓶頸可能會對應用程序造成災難性的影響，SAP ERP資料連結器透過**智能快取**和SAP RFC技術大大提升效能。	採平等優先權處理，造成系統因資源不足而效能降低。
獨立性	獨立於SAP系統，資料表格上的欄位可下載並匯入JCAATs。	屬於SAP功能之一，且可藉由撰寫程式隱藏資料欄位，獨立性無法確保。

60

實務案例上機演練一: 大數據稽核資料倉儲 應用

Step1：新增專案

- 選取專案→新增專案

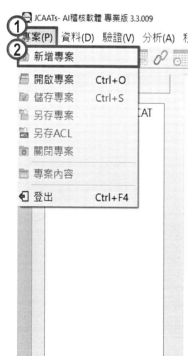

> *檔案命名規則:
> 請勿使用特殊符號，數字請勿放第一個字
> 1.建立資料夾:
> 請將後續專案等資料放入此資料夾中統一管理
> 2.新增專案
> 3.新增資料表

Step2：複製另一專案資料表

- 選取資料→複製另一專案資表

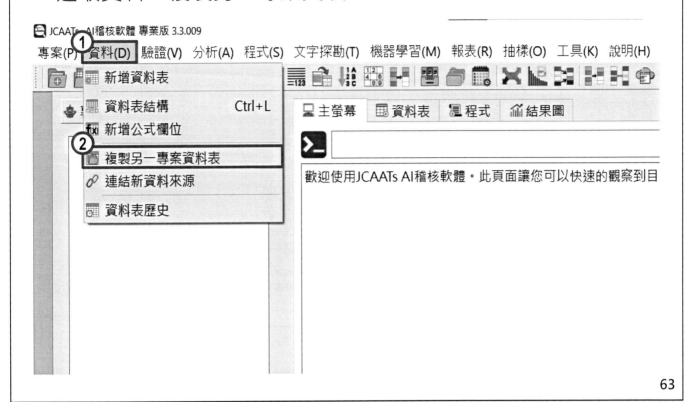

Step3：複製查核資料表

- 複製所需查核資料表

Step4：連結新資料來源

- 選取資料→連結新資料來源(.JFIL)

Step5：選取連結資料來源

- 選取專案資料夾下的各.JFIL作為來源資料檔

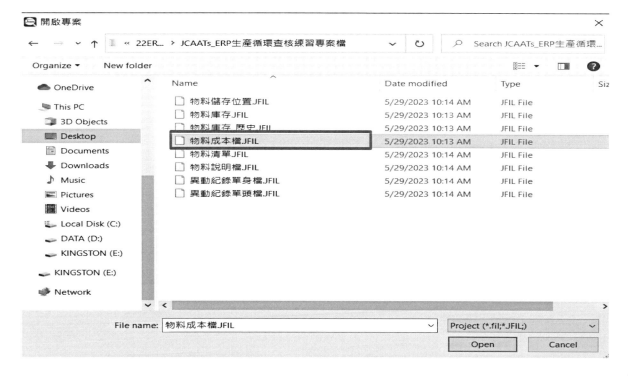

完成資料表格式與來源資料檔的連結

※資料筆數：84,177

結果檢視：以物料成本檔為例

JCAATs- AI稽核軟體 專業版 3.3.009　　　　　　　　　　　　　　　　　－　□　×

專案(P) 資料(D) 驗證(V) 分析(A) 程式(S) 文字探勘(T) 機器學習(M) 報表(R) 抽樣(O) 工具(K) 說明(H)

專案
- JCAATs_生產循環...
  - 物料成本檔
  - 物料庫存
  - 物料庫存_歷史
  - 物料說明檔
  - 物料清單
  - 物料儲存位置
  - 異動紀錄單身檔
  - 異動紀錄單頭檔

主螢幕　物料成本檔　程式　結果圖　　　　　　送出　　None

	成本估算號碼	過帳日期	過帳期間	價格單位	定期單價	標準成本	幣別碼	評價範圍
0	100013790	2012	12 1		0.66	0.60	MXN	6000
1	100013790	2012	12 1		0.08	0.07	EUR	6000
2	100013790	2012	12 1		0.08	0.07	USD	6000
3	100013790	2012	3 1		0.66	0.60	MXN	6000
4	100013790	2012	3 1		0.08	0.07	EUR	6000
5	100013790	2012	3 1		0.08	0.07	USD	6000
6	100013790	2012	4 1		0.66	0.60	MXN	6000
7	100013790	2012	4 1		0.08	0.07	EUR	6000
8	100013790	2012	4 1		0.08	0.07	USD	6000
9	100013790	2012	5 1		0.66	0.60	MXN	6000
10	100013790	2012	5 1		0.08	0.07	EUR	6000
11	100013790	2012	5 1		0.08	0.07	USD	6000
12	100014157	2012	12 1		112.29	102.08	MXN	6000

軌跡

物料成本檔　　筆數：84,177

物料成本檔共有84,177筆紀錄　　請依以上方法逐一完成存貨專案查核共7張資料表連結，並核對資料筆數是否正確

實務案例上機演練二:
資料驗證技巧說明與實作:
以物料清單(MARA)為例

Copyright © 2023 JACKSOFT.

69

資料驗證步驟與程序

> JCAATs提供多個指令協助驗證您分析的資料,確保資料品質,降低稽核風險。

> JCAATs的資料驗證程序:

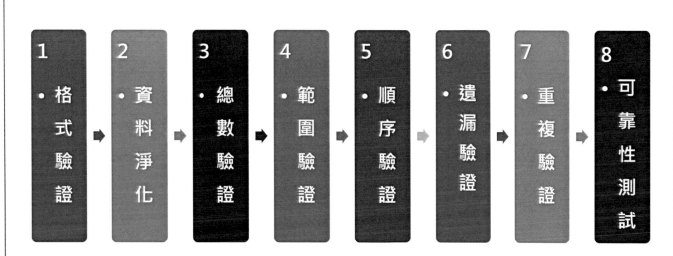

1	2	3	4	5	6	7	8
格式驗證	資料淨化	總數驗證	範圍驗證	順序驗證	遺漏驗證	重複驗證	可靠性測試

70

錯誤來源 Sources of Error

- 輸入 Input
  (檢查重點:未輸入或輸入不合規)
- 處理 Processing
  (檢查重點: 是否存在系統性錯誤)
- 萃取 Extraction
  (檢查重點: 資料萃取方式)
- 轉換 Conversion
  (檢查重點: 資料來源與轉換方式)
- 傳輸 Transmission
  (檢查重點:轉檔或是資料庫連結)
- 定義 Definition (檢查重點: 資料Schema提供品質)

71

Step1：驗證資料表

- 開啟查核資料表
  物料清單(MARA)
- 選取驗證
  驗證指令

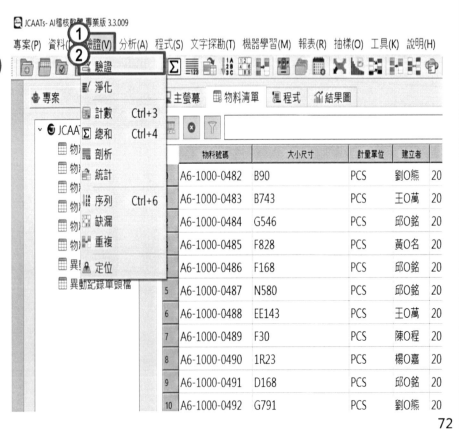

72

Step2：驗證(Verify)資料表

- 點選驗證，進入欄位選擇

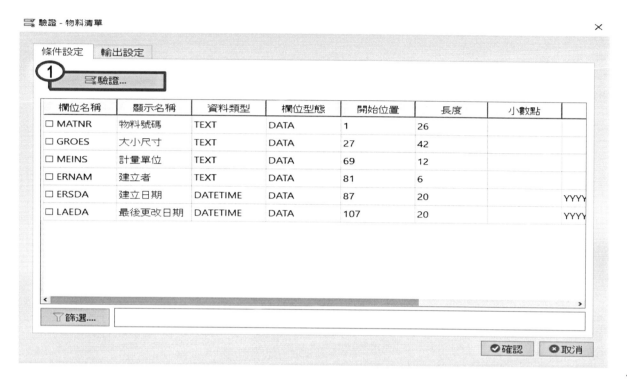

73

Step3：選取驗證欄位

- 選取全部欄位作為驗證欄位

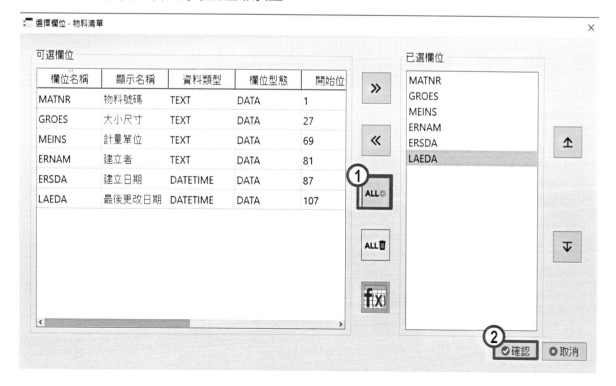

74

Step4：驗證結果

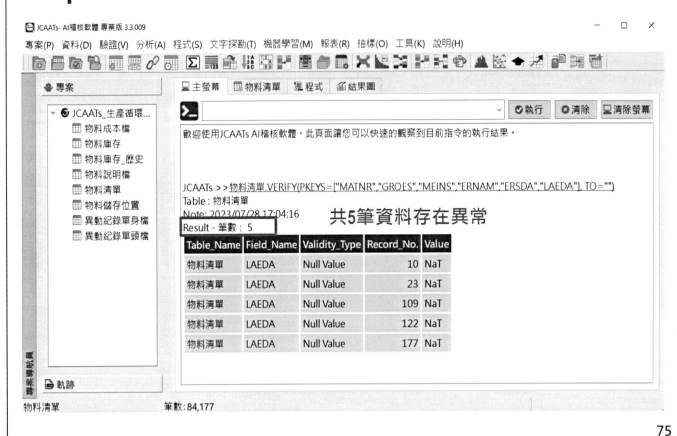

Step5：了解實際資料異常情況與發生原因

- 開啟查核資料表
  物料清單(MARA)
- 選取驗證
  定位指令

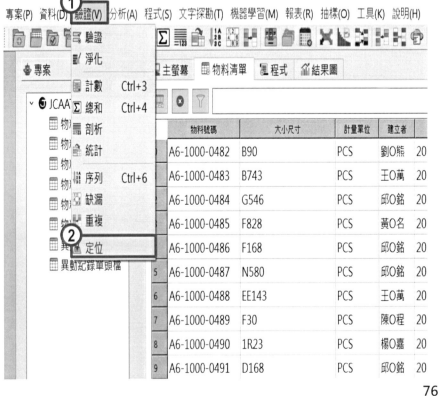

Step6：選取查找欄位

- 於資料位置輸入查找欄位

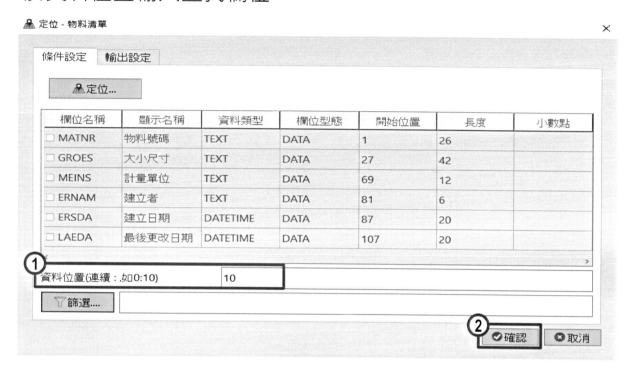

Step7：檢視結果

JCAATs- AI稽核軟體 專業版 3.3.009

專案(P) 資料(D) 驗證(V) 分析(A) 程式(S) 文字探勘(T) 機器學習(M) 報表(R) 抽樣(O) 工具(K) 說明(H)

專案
- JCAATs_生產循環...
  - 物料成本檔
  - 物料庫存
  - 物料庫存_歷史
  - 物料說明檔
  - 物料清單
  - 物料儲存位置
  - 異動紀錄單身檔
  - 異動紀錄單頭檔

主螢幕 | 物料清單 | 程式 | 結果圖

執行 | 清除 | 清除螢幕

歡迎使用JCAATs AI稽核軟體。此頁面讓您可以快速的觀察到目前指令的執行結果。

JCAATs > > 物料清單.LOCATE(RECNO=["10:10"], TO="")
Table：物料清單
Note: 2023/07/28 17:15:42
Result - 筆數：1

MATNR	GROES	MEINS	ERNAM	ERSDA	LAEDA
A6-1000-0492	G791	PCS	劉O熊	2011-06-30 00:00:00	NaT

第10筆資料欄位LAEDA(最後更改日期)為空值

補充說明--JCAATs AI稽核軟體中僅將錯誤資料區分為：
1. nan: 數字或文字空值或有異常
2. naT: 日期空值或有異常
以方便空值條件查詢或型態轉換

軌跡

物料清單　　　　　筆數：84,177

Step8：淨化異常欄位

- 開啟查核資料表
  物料清單(MARA)
- 選取驗證
  淨化指令

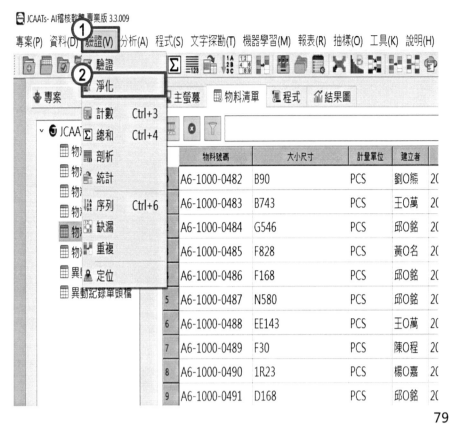

79

Step9：點選驗證進行確認

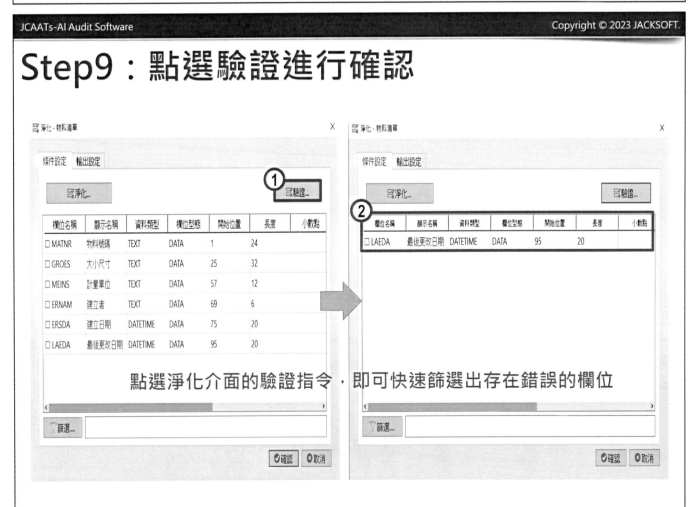

點選淨化介面的驗證指令，即可快速篩選出存在錯誤的欄位

80

Step10：選擇日期異常處理方式

- 輸出至資料表
  淨化_物料清單
- 選擇缺失值處理方式
  日期→補系統初始日
- 點選確定

81

Step11：淨化結果檢視

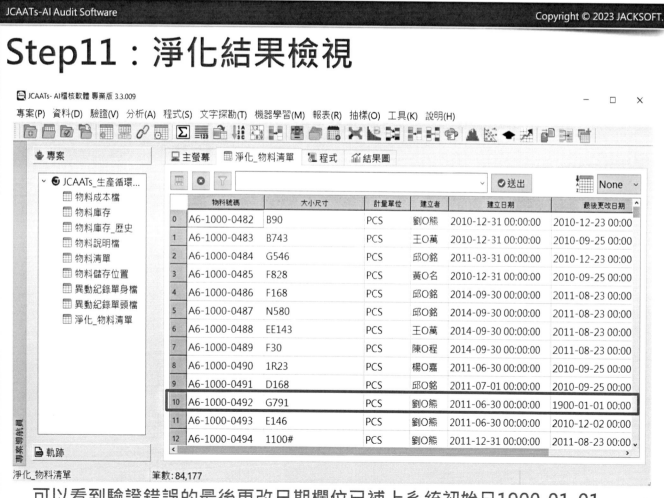

可以看到驗證錯誤的最後更改日期欄位已補上系統初始日1900-01-01　■82

資料驗證：
以異動紀錄單頭檔
(MKPF)為例

Step1：驗證資料表

- 開啟查核資料表
  異動紀錄單頭檔
  (MKPF)
- 選取驗證
  統計指令

Step2：選取統計(Statistic)欄位

- 選取統計欄位
  建立日期
  (CPUDT)
- 設定高/低值筆數
  10筆
- 點選確定

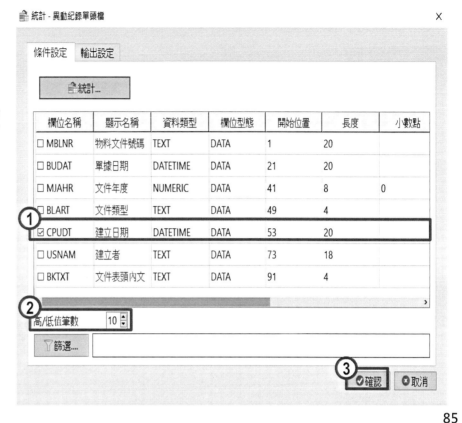

統計 - 異動紀錄單頭檔   ✕

條件設定　輸出設定

　統計...

欄位名稱	顯示名稱	資料類型	欄位型態	開始位置	長度	小數點
☐ MBLNR	物料文件號碼	TEXT	DATA	1	20	
☐ BUDAT	單據日期	DATETIME	DATA	21	20	
☐ MJAHR	文件年度	NUMERIC	DATA	41	8	0
☐ BLART	文件類型	TEXT	DATA	49	4	
☑ CPUDT	建立日期	DATETIME	DATA	53	20	
☐ USNAM	建立者	TEXT	DATA	73	18	
☐ BKTXT	文件表頭內文	TEXT	DATA	91	4	

② 高/低值筆數　10 ▲▼

　篩選...

③ ✔確認　✖取消

85

驗證結果: 了解資料區間

JCAATs- AI稽核軟體 專業版 3.3.009   ─ ☐ ✕

專案(P) 資料(D) 驗證(V) 分析(A) 程式(S) 文字探勘(T) 機器學習(M) 報表(R) 抽樣(O) 工具(K) 說明(H)

專案

- JCAATs_生產循環...
  - 物料成本檔
  - 物料庫存
  - 物料庫存_歷史
  - 物料說明檔
  - 物料清單
  - 物料儲存位置
  - 異動紀錄單身檔
  - 異動紀錄單頭檔
  - 淨化_物料清單

主螢幕　異動紀錄單頭檔　程式　結果圖

▶執行　✖清除　清除螢幕

JCAATs >> 異動紀錄單頭檔.STATISTICS(PKEYS=["CPUDT"], MAX=10, TO="")
Table：異動紀錄單頭檔
Note: 2023/07/28 17:25:25
Result - 筆數：27

Table_Name	Field_Name	Data_Type	Factor	Value
異動紀錄單頭檔	CPUDT	DATETIME	Count	91755
異動紀錄單頭檔	CPUDT	DATETIME	Mean	2017-03-27 08:52:43.903874304
異動紀錄單頭檔	CPUDT	DATETIME	Minimum	2016-01-01 00:00:00
異動紀錄單頭檔	CPUDT	DATETIME	Q25	2017-02-12 00:00:00
異動紀錄單頭檔	CPUDT	DATETIME	Q50	2017-03-30 00:00:00
異動紀錄單頭檔	CPUDT	DATETIME	Q75	2017-05-15 00:00:00
異動紀錄單頭檔	CPUDT	DATETIME	Maximum	2017-06-30 00:00:00
異動紀錄單頭檔	CPUDT	DAT		
異動紀錄單頭檔	CPUDT	DAT		

軌跡

異動紀錄單頭檔　　　　筆數: 91,755

資料範圍介於
01/01/2016 ~06/30/2017間

86

Step3：選取統計(Statistic)欄位

- 選取統計欄位
  建立日期
  (CPUDT)
- 設定高/低值筆數
  5筆
- 點選確定

驗證結果: 了解資料區間

變更資料高/低值筆數為5後，可由螢幕檢視高
低值為五的區間筆數

自行練習

- 請用CKMLHD_CKMLCR(物料成本)各欄位資料進行
統計驗證, 找尋是否異常需要深入追查者?

- 試著做做看:
  - 定期單價(PVPRS)
  - 標準成本(STPRS)

  ………

AI Audit Expert

實務案例上機演練三：
單一存貨分層分析

Copyright © 2023 JACKSOFT.

稽核流程圖

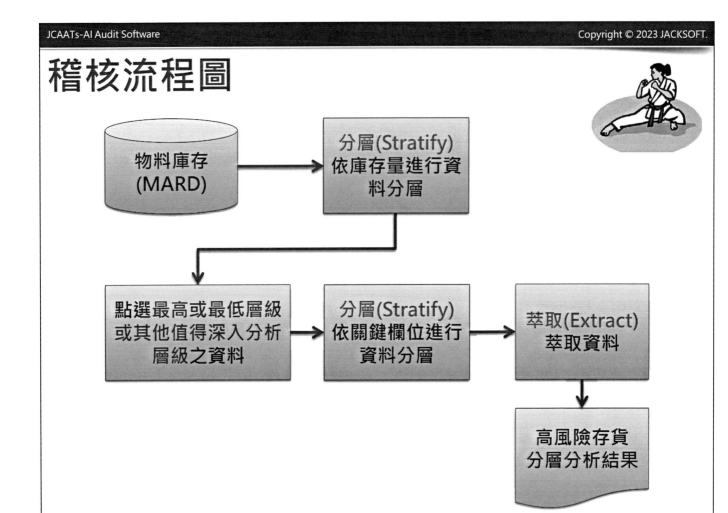

Step1：分析資料表

- 開啟查核資料表
  物料庫存
  (MARD)
- 選取分析
  分層指令

Step2：分層(Stratify)參數設定

- 選取分層欄位
  庫存量(LABST)
- 選取小計欄位
  庫存量(LABST)
- 設定分層數
  等分(10層)
- 點選確定

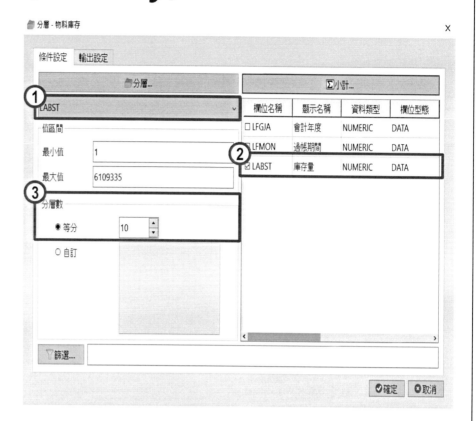

93

Step3：分層結果檢視

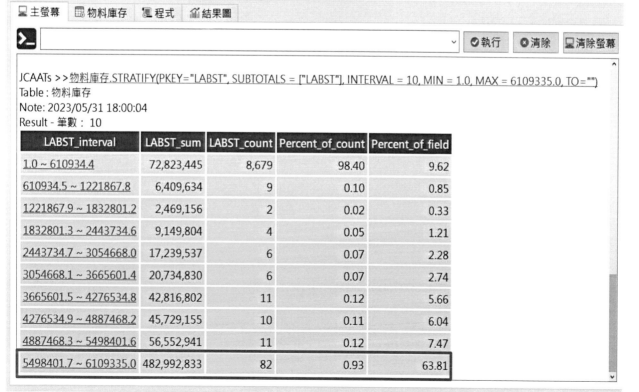

JCAATs >>物料庫存.STRATIFY(PKEY="LABST", SUBTOTALS = ["LABST"], INTERVAL = 10, MIN = 1.0, MAX = 6109335.0, TO="")
Table：物料庫存
Note: 2023/05/31 18:00:04
Result - 筆數： 10

LABST_interval	LABST_sum	LABST_count	Percent_of_count	Percent_of_field
1.0 ~ 610934.4	72,823,445	8,679	98.40	9.62
610934.5 ~ 1221867.8	6,409,634	9	0.10	0.85
1221867.9 ~ 1832801.2	2,469,156	2	0.02	0.33
1832801.3 ~ 2443734.6	9,149,804	4	0.05	1.21
2443734.7 ~ 3054668.0	17,239,537	6	0.07	2.28
3054668.1 ~ 3665601.4	20,734,830	6	0.07	2.74
3665601.5 ~ 4276534.8	42,816,802	11	0.12	5.66
4276534.9 ~ 4887468.2	45,729,155	10	0.11	6.04
4887468.3 ~ 5498401.6	56,552,941	11	0.12	7.47
5498401.7 ~ 6109335.0	482,992,833	82	0.93	63.81

選取極端層資料(最高層級)進行下探

94

Step4：極端層資料檢視(最高層級)

共82筆資料須進行深入分析

95

Step5：萃取(Extract)層級資料

- 選取報表→萃取指令

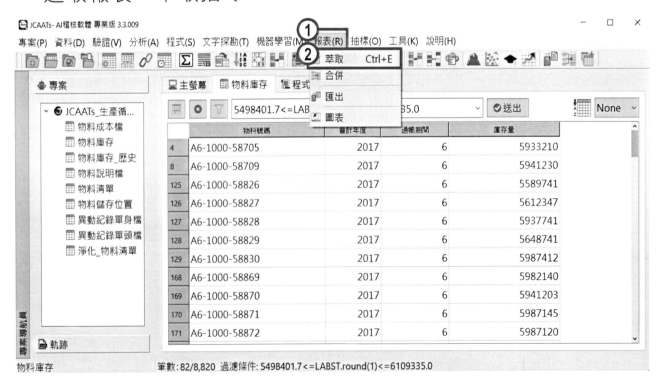

96

Step6：萃取(Extract)指令參數設定

- 選取萃取欄位
  所有欄位
- 輸出至資料表
  高風險存貨_庫存量
- 點選確定

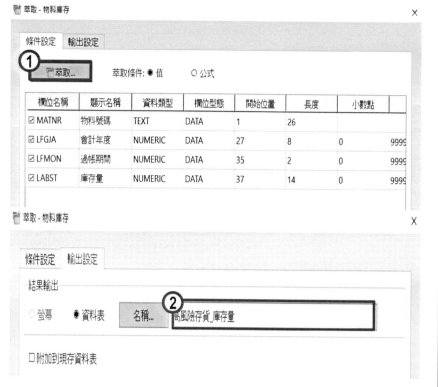

萃取 - 物料庫存

| 條件設定 | 輸出設定 |

① 萃取...　　萃取條件：● 值　　○ 公式

欄位名稱	顯示名稱	資料類型	欄位型態	開始位置	長度	小數點	
☑ MATNR	物料號碼	TEXT	DATA	1	26		
☑ LFGJA	會計年度	NUMERIC	DATA	27	8	0	9999
☑ LFMON	過帳期間	NUMERIC	DATA	35	2	0	9999
☑ LABST	庫存量	NUMERIC	DATA	37	14	0	9999

萃取 - 物料庫存

| 條件設定 | 輸出設定 |

結果輸出

○ 螢幕　　● 資料表　　名稱...　② 高風險存貨_庫存量

□ 附加到現存資料表

Step7：結果檢視

JCAATs- AI稽核軟體 專業版 3.3.009　　　　　　　　　　　　　　　　－ □ ×

專案(P) 資料(D) 驗證(V) 分析(A) 程式(S) 文字探勘(T) 機器學習(M) 報表(R) 抽樣(O) 工具(K) 說明(H)

◆ 專案　　　　　□ 主螢幕　⊞ 高風險存貨_庫存量　▣ 程式　益 結果圖

∨ ⑤ JCAATs_生產循環...

- ⊞ 高風險存貨_庫...
- ⊞ 物料成本檔
- ⊞ 物料庫存
- ⊞ 物料庫存_歷史
- ⊞ 物料說明檔
- ⊞ 物料清單
- ⊞ 物料儲存位置
- ⊞ 異動紀錄單身檔
- ⊞ 異動紀錄單頭檔
- ⊞ 淨化_物料清單

	物料號碼	會計年度	過帳期間	庫存量
0	A6-1000-58705	2017	6	5933210
1	A6-1000-58709	2017	6	5941230
2	A6-1000-58826	2017	6	5589741
3	A6-1000-58827	2017	6	5612347
4	A6-1000-58828	2017	6	5937741
5	A6-1000-58829	2017	6	5648741
6	A6-1000-58830	2017	6	5987412
7	A6-1000-58869	2017	6	5982140
8	A6-1000-58870	2017	6	5941203
9	A6-1000-58871	2017	6	5987145
10	A6-1000-58872	2017	6	5987120
11	A6-1000-58873	2017	6	5930051
12	A6-1000-58875	2017	6	5930050

高風險存貨_庫存量　　筆數：82

共82筆資料須進行深入分析

實務案例上機演練四：存貨連續分層分析

稽核流程圖

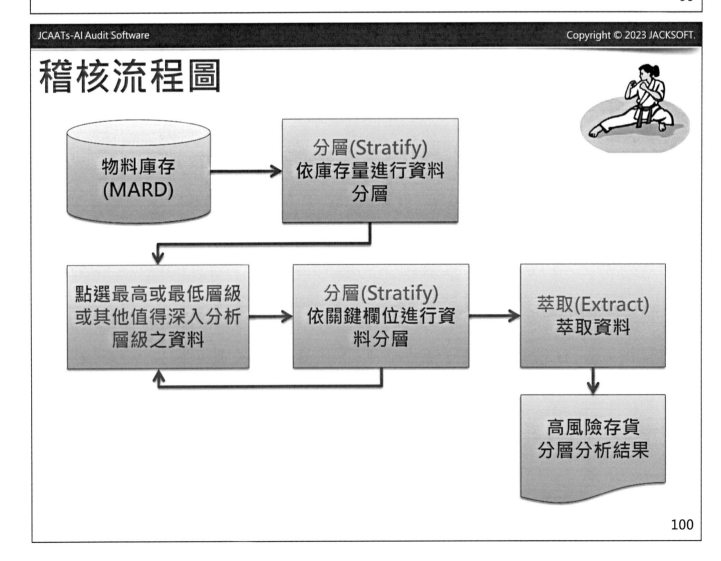

Step1：分析資料表

- 開啟查核資料表
  高風險存貨_庫存量
- 選取分析
  分層指令

Step2：分層(Stratify)參數設定

- 選取分層欄位
  庫存量(LABST)
- 選取小計欄位
  庫存量(LABST)
- 設定分層數
  等分(10層)
- 點選確定

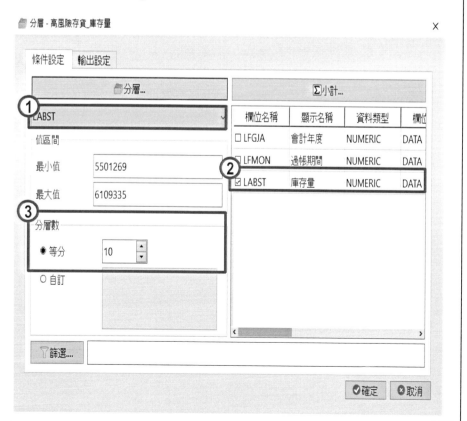

Step3：分層(Stratify)結果檢視

選取極端層資料(最高次數)進行下探　103

Step4：極端層資料檢視(最高次數)

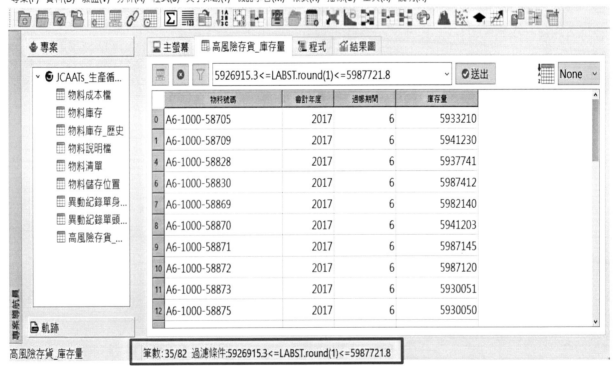

共35筆資料須進行深入分析　104

Step5：再次執行資料分層(Stratify)

- 於下探資料表處再次點選分析→分層指令

Step6：分層(Stratify)參數設定

- 選取分層欄位
  庫存量(LABST)
- 選取小計欄位
  庫存量(LABST)
- 設定分層數
  等分(10層)
- 點選確定

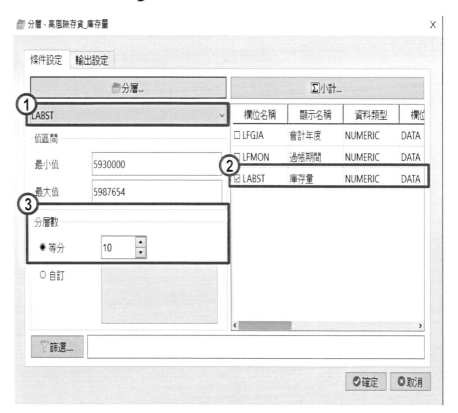

Step7：極端層資料檢視(最高次數)

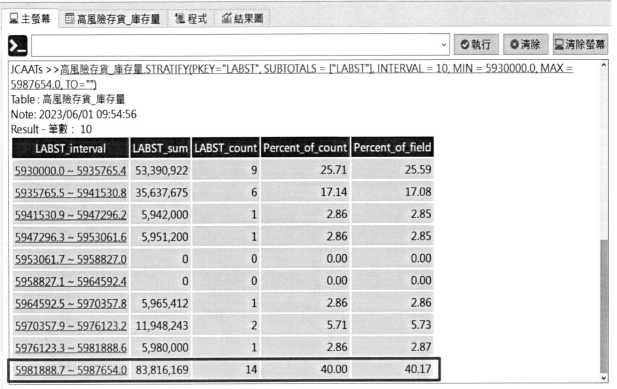

選取極端層資料(最高次數)進行下探 107

Step7：存貨數量連續分層分析結果

共14筆資料須進行深入分析 108

Step8：萃取(Extract)層級資料

- 選取報表→萃取指令

Step9：萃取(Extract)指令參數設定

- 選取萃取欄位
  所有欄位
- 輸出至資料表
  高風險存貨_庫存量
  _連續分析
- 點選確定

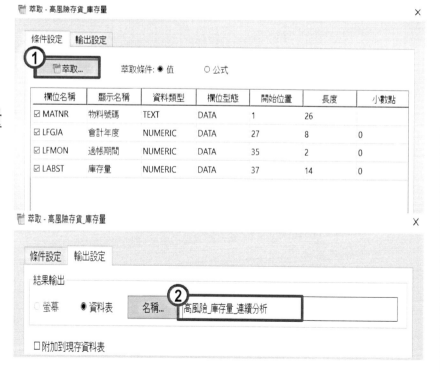

Step10：結果檢視

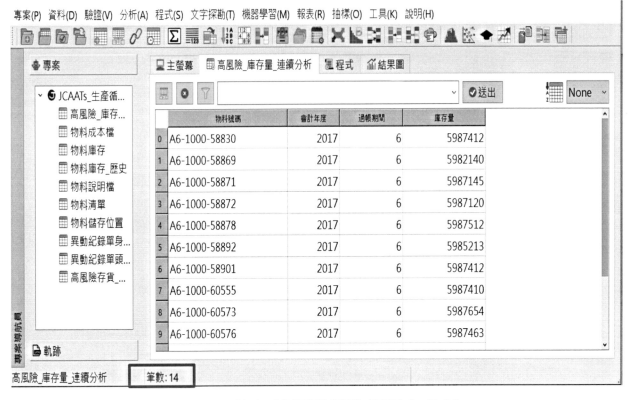

專案(P) 資料(D) 驗證(V) 分析(A) 程式(S) 文字探勘(T) 機器學習(M) 報表(R) 抽樣(O) 工具(K) 說明(H)

	物料號碼	會計年度	過帳期間	庫存量
0	A6-1000-58830	2017	6	5987412
1	A6-1000-58869	2017	6	5982140
2	A6-1000-58871	2017	6	5987145
3	A6-1000-58872	2017	6	5987120
4	A6-1000-58878	2017	6	5987512
5	A6-1000-58892	2017	6	5985213
6	A6-1000-58901	2017	6	5987412
7	A6-1000-60555	2017	6	5987410
8	A6-1000-60573	2017	6	5987654
9	A6-1000-60576	2017	6	5987463

專案導航員 / 專案
- JCAATs_生產循...
  - 高風險_庫存...
  - 物料成本檔
  - 物料庫存
  - 物料庫存_歷史
  - 物料說明檔
  - 物料清單
  - 物料儲存位置
  - 異動紀錄單身...
  - 異動紀錄單頭...
  - 高風險存貨_...
- 軌跡

主螢幕　高風險_庫存量_連續分析　程式　結果圖

None

高風險_庫存量_連續分析　　筆數：14

共14筆資料須進行深入分析

111

自行練習:

- 還有哪些存貨管理資料資訊相當重要，
  需要進行分層分析(Stratify)以掌握管理重點?

- 試著做做看:
  - 定期單價(PVPRS)
  - 標準成本(STPRS)

  ....

112

AI Audit Expert

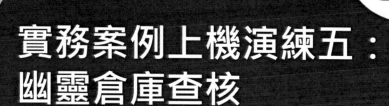

實務案例上機演練五：
幽靈倉庫查核

稽核流程圖

```
┌─────────────────┐         ┌──────────────────────────────┐
│                 │         │          篩選(Filter)          │
│  物料儲存位置    │ ──────> │ 篩選倉庫說明包含"虛擬","帳","賬",│
│    (T001L)       │         │  "修","轉","過賬","出賬"的資料   │
│                 │         │                              │
└─────────────────┘         └──────────────────────────────┘
                                         │
                                         ▼
┌─────────────────┐         ┌──────────────────────────────┐
│  萃取(Extract)   │ ──────> │                              │
│  隔離嫌疑資料    │         │          幽靈倉庫             │
│                 │         │                              │
└─────────────────┘         └──────────────────────────────┘
```

Step1：篩選(Filter)資料表

- 開啟查核資料表
  物料儲存位置
  (T001L)
- 點選「 ▽ 」進行
  篩選條件設定

專案(P) 資料(D) 驗證(V) 分析(A) 程式(S) 文字探勘(T) 機器學習(M) 報表(R) 抽樣(O) 工具(K) 說明(H)

		倉庫號碼	倉庫說明	部門
	0	RTG30P	CNC2半成品維修倉(保)	銷售部_B
	1	RTN35Y	CNC2半成品良品倉(非)	銷售部_B
	2	RTB16G	CNC2半成品待處理(非)	採購部_C
	3	RTN03P	CNC2在制待處理倉(保)	管理部
	4	RTL32G	CNC2在制待處理倉(非)	銷售部_A
	5	RTU33S	CNC2試模品倉(保)	銷售部_B
	6	RTR01P	CNC2試模品倉(非)	採購部_D
	7	RTG31P	CNC5半成品良品倉(保)	採購部_A
	8	RTN34S	CNC5半成品良品倉(非)	管理部
	9	RTB17G	CNC5半成品待處理(保)	會計部
	10	RTL32P	CNC5半成品待處理(非)	銷售部_A
	11	RTN32Y	CNC5在制待處理倉(保)	業務部
	12	RTB12G	CNC5在制待處理倉(非)	設計部

專案：JCAATs_生產循環...
- 物料成本檔
- 物料庫存
- 物料庫存_歷史
- 物料說明檔
- 物料清單
- 物料儲存位置
- 異動紀錄單身檔
- 異動紀錄單頭檔
- 高風險存貨_庫...
- 高風險_庫存量...

軌跡

物料儲存位置   筆數:3,775

115

Step2：設定篩選(Filter)條件

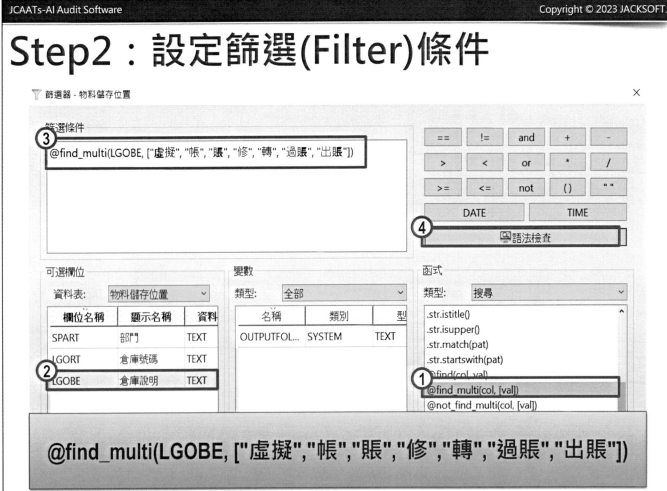

@find_multi(LGOBE, ["虛擬","帳","賬","修","轉","過賬","出賬"])

116

補充說明-搜尋函式@find_multi()

在JCAATs系統中，若需要查找資料中是否包含多個特定資料，便可使用@find_multi()指令完成，允許查核人員快速地於大量資料中，找出包含指定資料值的記錄，故可應用於多個關鍵字比對等。

語法: @find_multi(col,[val])

CUST_No	Date	Amount
795401	2019/08/20	-474.70
795402	2019/10/15	225.87
795403	2019/02/04	180.92
516372	2019/02/17	1,610.87
516373	2019/04/30	-1,298.43

CUST_No	Date	Amount
795403	2019/02/04	180.92
516373	2019/04/30	-1,298.43

範例篩選: @find_multi(CUST_No,["03","73"])

117

Step3：幽靈倉庫查核結果

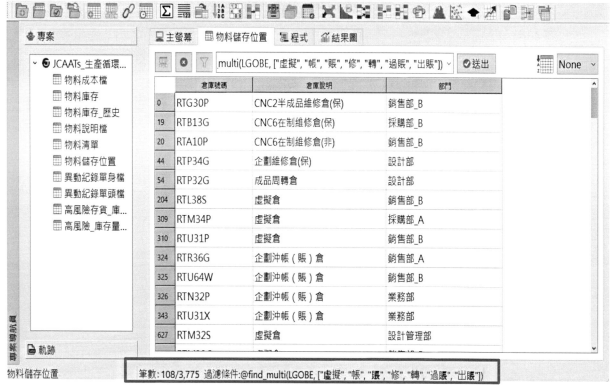

共108筆資料包含查核關鍵字　118

Step4：萃取(Extract)篩選資料

- 選取報表→萃取指令

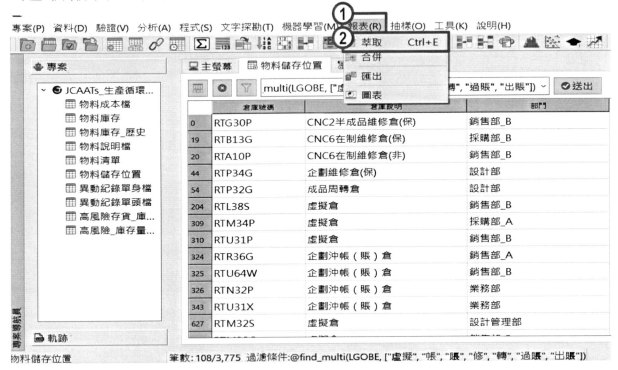

119

Step5：萃取(Extract)指令參數設定

- 選取萃取欄位
  所有欄位
- 輸出至資料表
  幽靈倉庫
- 點選確定

120

Step6：結果檢視

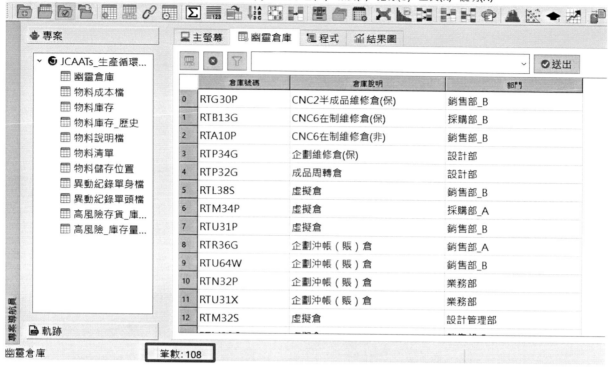

專案(P) 資料(D) 驗證(V) 分析(A) 程式(S) 文字探勘(T) 機器學習(M) 報表(R) 抽樣(O) 工具(K) 說明(H)

	倉庫號碼	倉庫說明	部門
0	RTG30P	CNC2半成品維修倉(保)	銷售部_B
1	RTB13G	CNC6在制維修倉(保)	採購部_B
2	RTA10P	CNC6在制維修倉(非)	銷售部_B
3	RTP34G	企劃維修倉(保)	設計部
4	RTP32G	成品周轉倉	設計部
5	RTL38S	虛擬倉	銷售部_B
6	RTM34P	虛擬倉	採購部_A
7	RTU31P	虛擬倉	銷售部_B
8	RTR36G	企劃沖帳（賬）倉	銷售部_A
9	RTU64W	企劃沖帳（賬）倉	銷售部_B
10	RTN32P	企劃沖帳（賬）倉	業務部
11	RTU31X	企劃沖帳（賬）倉	業務部
12	RTM32S	虛擬倉	設計管理部

幽靈倉庫　　筆數: 108

共108筆資料須進行深入分析

121

---

jacksoft | AI Audit Expert

www.jacksoft.com.tw

實務案例上機演練六：
無異動存貨資料分析

Copyright © 2023 JACKSOFT.

122

分析流程圖

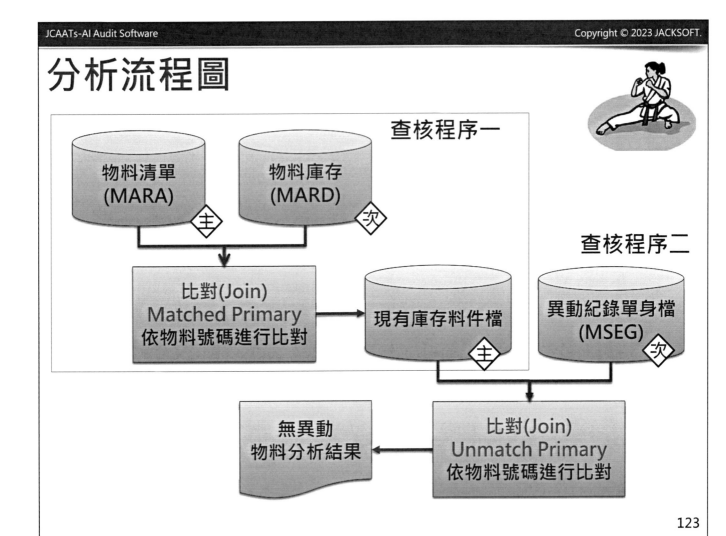

查核程序一

物料清單 (MARA) 主

物料庫存 (MARD) 次

比對(Join)
Matched Primary
依物料號碼進行比對

現有庫存料件檔 主

查核程序二

異動紀錄單身檔 (MSEG) 次

無異動
物料分析結果

比對(Join)
Unmatch Primary
依物料號碼進行比對

123

查核程序一：比對(Join)資料表

- 開啟查核資料表
  物料清單
  (MARA)
- 點選分析→比對

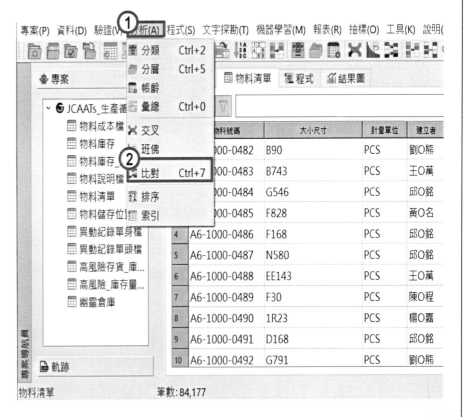

124

Step2：設定查核主次表

- 選擇主表
  物料清單(MARA)
- 選擇次表
  物料庫存(MARD)

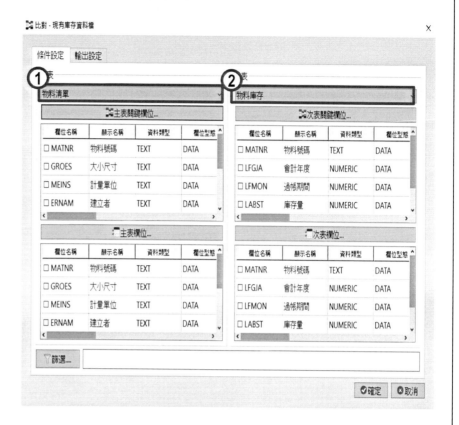

125

Step3：選擇查核關鍵欄位

- 設定主表關鍵欄位
  物料號碼(MATNR)
- 設定次表關鍵欄位
  物料號碼(MATNR)

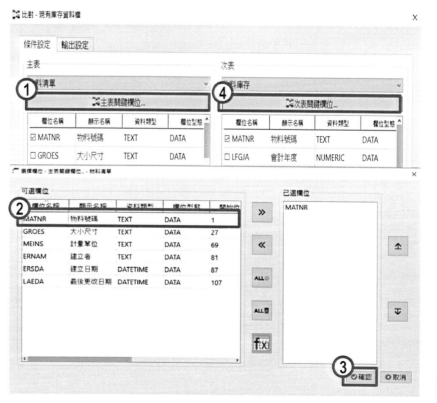

126

Step4：列出需要欄位

- 選取主表欄位
  全選
- 選取次表欄位
  庫存量

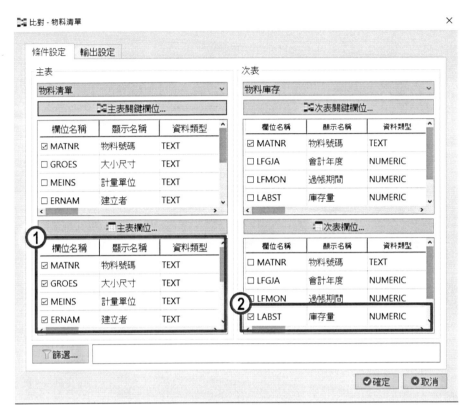

127

Step5：比對(Join)指令輸出設定

- 輸出至資料表
  現有庫存資料檔
- 選擇比對類型
  Matched Primary with the first Secondary
- 點選確定

128

Step6：結果檢視

共8,820筆資料

查核程序二：比對(Join)資料表

- 開啟查核資料表
  現有庫存資料檔
- 點選分析→比對

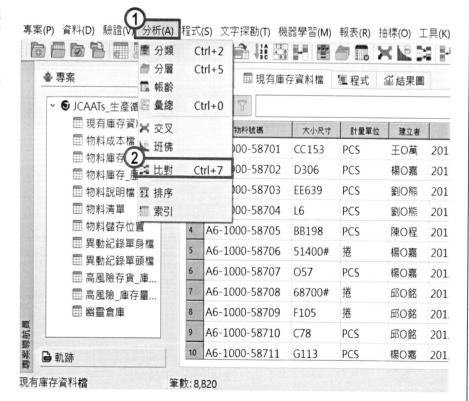

Step1：設定查核主次表

- 選擇主表
  現有庫存資料檔
- 選擇次表
  異動記錄單身檔
  (MSEG)

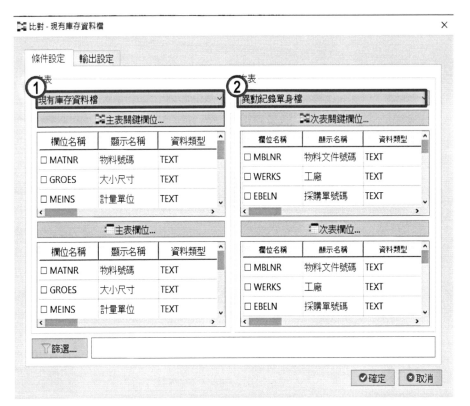

131

Step2：選擇查核關鍵欄位

- 設定主表關鍵欄位
  物料號碼(MATNR)
- 設定次表關鍵欄位
  物料號碼(MATNR)

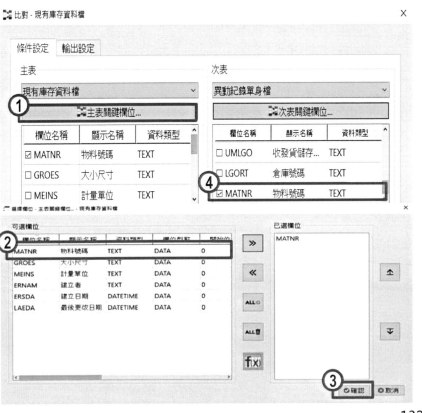

132

Step3：列出需要欄位

- 選取主表欄位全選
- 選取次表欄位不用選取

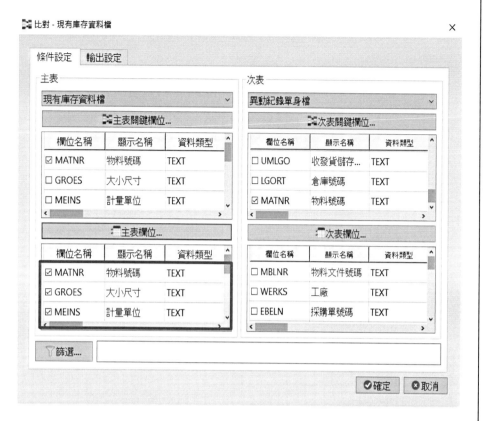

Step4：比對(Join)指令輸出設定

- 輸出至資料表無異動料件檔
- 選擇比對類型 Unmatch Primary
- 點選確定

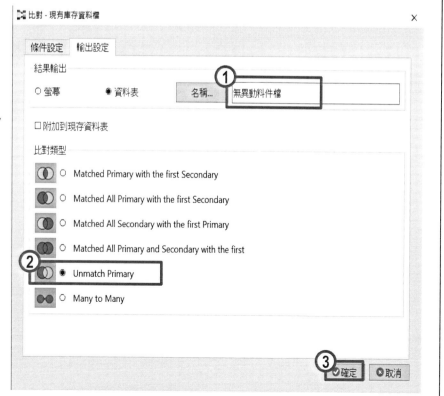

Step5：結果檢視

專案(P) 資料(D) 驗證(V) 分析(A) 程式(S) 文字探勘(T) 機器學習(M) 報表(R) 抽樣(O) 工具(K) 說明(H)

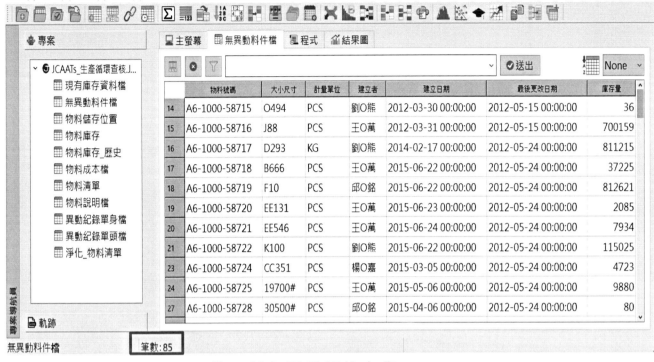

	物料號碼	大小尺寸	計量單位	建立者	建立日期	最後更改日期	庫存量
14	A6-1000-58715	O494	PCS	劉O熊	2012-03-30 00:00:00	2012-05-15 00:00:00	36
15	A6-1000-58716	J88	PCS	王O萬	2012-03-31 00:00:00	2012-05-15 00:00:00	700159
16	A6-1000-58717	D293	KG	劉O熊	2014-02-17 00:00:00	2012-05-24 00:00:00	811215
17	A6-1000-58718	B666	PCS	王O萬	2015-06-22 00:00:00	2012-05-24 00:00:00	37225
18	A6-1000-58719	F10	PCS	邱O銘	2015-06-22 00:00:00	2012-05-24 00:00:00	812621
19	A6-1000-58720	EE131	PCS	王O萬	2015-06-23 00:00:00	2012-05-24 00:00:00	2085
20	A6-1000-58721	EE546	PCS	王O萬	2015-06-24 00:00:00	2012-05-24 00:00:00	7934
21	A6-1000-58722	K100	PCS	劉O熊	2015-06-22 00:00:00	2012-05-24 00:00:00	115025
23	A6-1000-58724	CC351	PCS	楊O嘉	2015-03-05 00:00:00	2012-05-24 00:00:00	4723
24	A6-1000-58725	19700#	PCS	王O萬	2015-05-06 00:00:00	2012-05-24 00:00:00	9880
27	A6-1000-58728	30500#	PCS	邱O銘	2015-04-06 00:00:00	2012-05-24 00:00:00	80

無異動料件檔　　　　　筆數:85

共85筆無異動紀錄存貨

135

jacksoft | **AI Audit Expert**
www.jacksoft.com.tw

實務案例
上機演練七：
久未異動存貨資料分析

136

分析流程圖

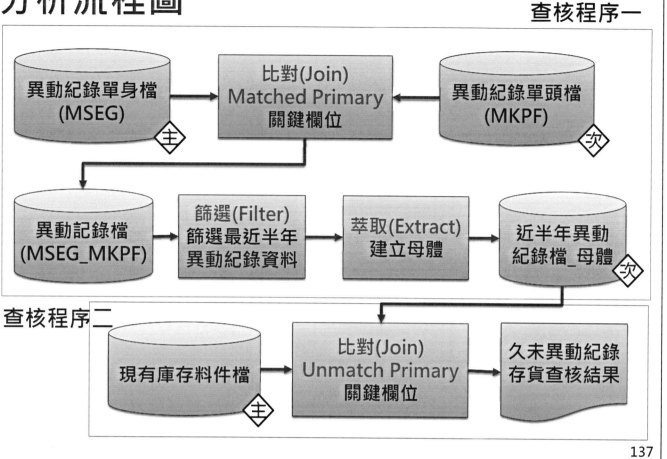

查核程序二

查核程序一：比對(Join)資料表

- 開啟查核資料表 異動紀錄單身檔 (MSEG)
- 點選分析→比對

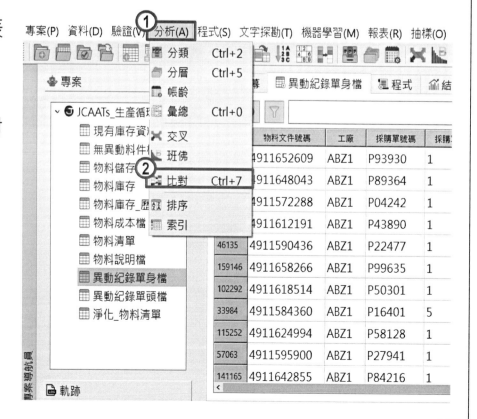

Step2：設定查核主次表

- 選擇主表
  異動記錄單身檔
  (MSEG)
- 選擇次表
  異動紀錄單頭檔
  (MKPF)

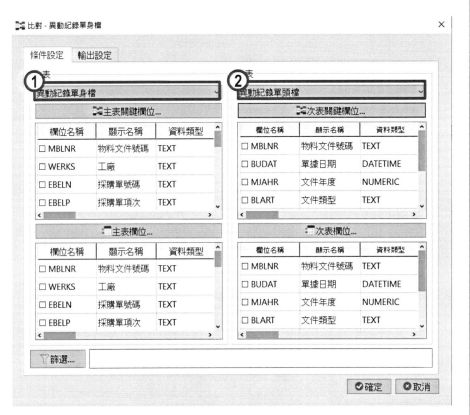

139

Step3：選擇查核關鍵欄位

- 設定主表關鍵欄位
  物料文件號碼
  (MBLNR)
- 設定次表關鍵欄位
  物料文件號碼
  (MBLNR)

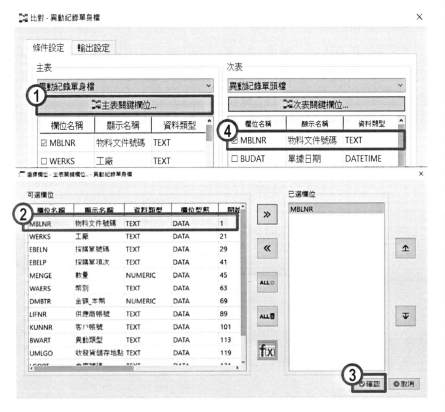

140

Step4：列出需要欄位

- 選取主表欄位
  全選
- 選取次表欄位
  全選

Step5：比對(Join)指令輸出設定

- 輸出至資料表
  異動記錄檔
- 選擇比對類型
  Matched Primary with the First Secondary
- 點選確定

Step6：結果檢視

共165,455筆資料

143

Step7：篩選最近半年異動紀錄資料

- 開啟查核資料表 異動記錄檔
- 點選「▽」進行 篩選條件設定

144

Step8：設定篩選(Filter)條件

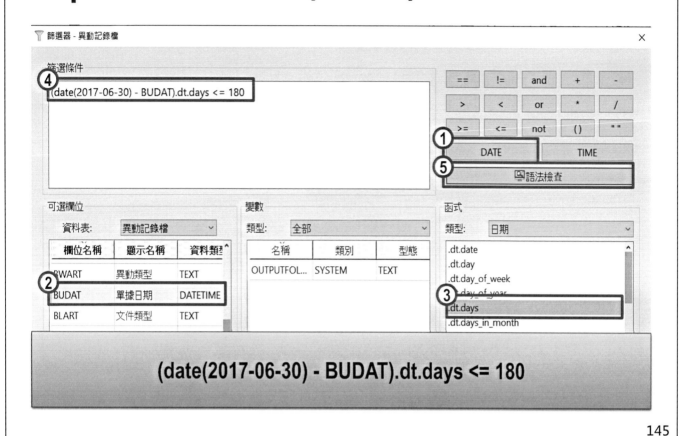

(date(2017-06-30) - BUDAT).dt.days <= 180

145

補充說明-日期函式.dt.days()

在系統中，若計算日期差異天數後，需要繼續使用該差異天數於後續查核計算，便可使用.dt.days函式將差異天數的格式轉換成數值，允許查核人員快速地於大量資料中，確認日期差異天數的數值資料。**語法: Field.dt.days**

Vendor	Date	Date2
10001	2022-12-31	2022-12-31
10001	2022-12-31	2022-12-31
10001	2022-12-02	2022-12-31
10002	2022-01-01	2022-12-31
10003	2022-01-01	2022-12-31

Vendor	Date	Date2	NewDate
10001	2022-12-31	2022-12-31	0
10001	2022-12-31	2022-12-31	0
10001	2022-12-02	2022-12-31	29
10002	2022-01-01	2022-12-31	364
10003	2022-01-01	2022-12-31	364

範例新公式欄位NewDate: (Date2-Date).dt.days

146

JCAATs技術小百科

系統若未加上函式.dt.days
新增日期相減的運算欄位，並對欄位進行加總

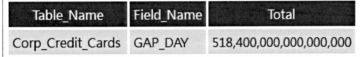

JCAATs >>Corp_Credit_Cards.TOTAL(PKEYS = ["GAP_DAY"], TO ="")
Table : Corp_Credit_Cards
Note: 2023/05/09 10:12:02
Result - 筆數：1

Table_Name	Field_Name	Total
Corp_Credit_Cards	GAP_DAY	518,400,000,000,000,000

運算結果518,400,000,000,000,000說明如下：
欄位數200*30天*24小時*60分鐘*60秒*1000毫秒
*1000微秒*1000奈秒
此為Python特性，讓計算更精確。

147

Step9：篩選結果檢視

共163,942筆資料　148

Step10：萃取(Extract)篩選資料

- 選取報表→萃取指令

專案(P) 資料(D) 驗證(V) 分析(A) 程式(S) 文字探勘(T) 機器學習(M) 報表(R) 抽樣(O) 工具(K) 說明(H)

	萃取	Ctrl+E
	合併	
	匯出	
	圖表	

	物料文件號碼	工廠	採購單號碼	採購單項次	數量	幣別
741	4911567372	ABZ1	P00201	1	2160.00	RMB
1108	4911567739	ABZ1	P00094	12	-2220.00	RMB
1475	4911568106	ABZ1	P00322	1	-300.00	RMB
1516	4911568147	ABZ1	P00002	4	-530.00	RMB
1517	4911568147	ABZ1	P00001	1	-530.00	RMB
1518	4911568147	ABZ1	P00002	3	-542.00	RMB
1519	4911568147	ABZ1	P00003	5	-6.00	RMB
1520	4911568147	ABZ1	P00004	8	-530.00	RMB
1521	4911568147	ABZ1	P00004	7	-530.00	RMB
1522	4911568147	ABZ1	P00003	6	-530.00	RMB
1523	4911568147	ABZ1	P00001	2	-530.00	RMB

專案導航員

- JCAATs_生產循環查核.J...
  - 現有庫存資料檔
  - 無異動料件檔
  - 異動記錄檔
  - 物料儲存位置
  - 物料庫存
  - 物料庫存_歷史
  - 物料成本檔
  - 物料清單
  - 物料說明檔
  - 異動紀錄單身檔
  - 異動紀錄單頭檔
  - 淨化_物料清單

軌跡

異動記錄檔　　　　　　筆數：163,942/165,455 過濾條件:(date(2017-06-30) - BUDAT).dt.days <= 180

149

Step11：萃取(Extract)指令參數設定

- 選取萃取欄位
  所有欄位
- 輸出至資料表
  近半年異動紀
  錄檔_母體
- 點選確定

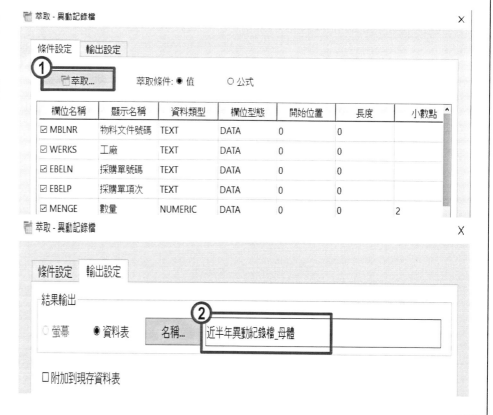

萃取 - 異動記錄檔

條件設定　輸出設定

① 萃取...　　萃取條件：● 值　　○ 公式

欄位名稱	顯示名稱	資料類型	欄位型態	開始位置	長度	小數點
☑ MBLNR	物料文件號碼	TEXT	DATA	0	0	
☑ WERKS	工廠	TEXT	DATA	0	0	
☑ EBELN	採購單號碼	TEXT	DATA	0	0	
☑ EBELP	採購單項次	TEXT	DATA	0	0	
☑ MENGE	數量	NUMERIC	DATA	0	0	2

萃取 - 異動記錄檔

條件設定　輸出設定

結果輸出

○ 螢幕　● 資料表　　名稱...　　② 近半年異動紀錄檔_母體

□ 附加到現存資料表

150

Step12：結果檢視

專案(P) 資料(D) 驗證(V) 分析(A) 程式(S) 文字探勘(T) 機器學習(M) 報表(R) 抽樣(O) 工具(K) 說明(H)

專案
- JCAATs_生產循環查核.J...
  - 現有庫存資料檔
  - 無異動料件檔
  - 異動記錄檔
  - 近半年異動紀錄...
  - 物料儲存位置
  - 物料庫存
  - 物料庫存_歷史
  - 物料成本檔
  - 物料清單
  - 物料說明檔
  - 異動紀錄單身檔
  - 異動紀錄單頭檔
  - 淨化_物料清單

主螢幕 | **近半年異動紀錄檔_母體** | **程式** | **結果圖**

送出 | None

	物料文件號碼	工廠	採購單號碼	採購單項次	數量	幣別	金額_本幣	供應商帳號	客戶帳號
0	4911567372	ABZ1	P00201	1	2160.00	RMB	0.00	V00569	C00174
1	4911567739	ABZ1	P00094	12	-2220.00	RMB	-69.60	V01051	C00505
2	4911568106	ABZ1	P00322	1	-300.00	RMB	-85.40	V00781	C00594
3	4911568147	ABZ1	P00002	4	-530.00	RMB	-103.48	V00927	C00515
4	4911568147	ABZ1	P00001	1	-530.00	RMB	-182243.09	V00559	C00245
5	4911568147	ABZ1	P00002	3	-542.00	RMB	-6.21	V01000	C00430
6	4911568147	ABZ1	P00003	5	-6.00	RMB	-0.04	V00994	C00474
7	4911568147	ABZ1	P00004	8	-530.00	RMB	-61.03	V00244	C00635
8	4911568147	ABZ1	P00004	7	-530.00	RMB	-51.54	V00736	C01118
9	4911568147	ABZ1	P00003	6	-530.00	RMB	-6.78	V00509	C00106
10	4911568147	ABZ1	P00001	2	-530.00	RMB	-5051.95	V00373	C00622

近半年異動紀錄檔_母體   筆數：163,942

共163,942筆須進行深入分析的異動資料紀錄

151

查核程序二：比對(Join)資料表

- 開啟查核資料表
  現有庫存資料檔
- 點選分析→比對

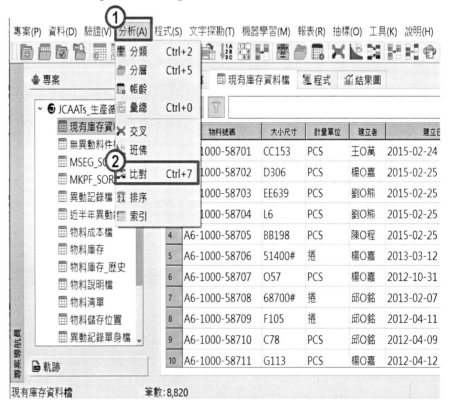

專案(P) 資料(D) 驗證(V) ①分析(A) 程式(S) 文字探勘(T) 機器學習(M) 報表(R) 抽樣(O) 工具(K) 說明(H)

分類 Ctrl+2
分層 Ctrl+5
帳齡
彙總 Ctrl+0
交叉
班佛
②比對 Ctrl+7
排序
索引

專案
- JCAATs_生產循
  - 現有庫存資料
  - 無異動料件
  - MSEG_S
  - MKPF_SOR
  - 異動記錄檔
  - 近半年異動
  - 物料成本檔
  - 物料庫存
  - 物料庫存_歷史
  - 物料說明檔
  - 物料清單
  - 物料儲存位置
  - 異動紀錄單身檔

現有庫存資料檔 | **程式** | **結果圖**

	物料號碼	大小尺寸	計量單位	建立者	建立日
	1000-58701	CC153	PCS	王O萬	2015-02-24
	1000-58702	D306	PCS	楊O嘉	2015-02-25
	1000-58703	EE639	PCS	劉O熊	2015-02-25
	1000-58704	L6	PCS	劉O熊	2015-02-25
4	A6-1000-58705	BB198	PCS	陳O程	2015-02-25
5	A6-1000-58706	51400#	捲	楊O嘉	2013-03-12
6	A6-1000-58707	O57	PCS	楊O嘉	2012-10-31
7	A6-1000-58708	68700#	捲	邱O銘	2013-02-07
8	A6-1000-58709	F105	捲	邱O銘	2012-04-11
9	A6-1000-58710	C78	PCS	邱O銘	2012-04-09
10	A6-1000-58711	G113	PCS	楊O嘉	2012-04-12

現有庫存資料檔   筆數：8,820

152

Step2：設定查核主次表

- 選擇主表
  現有庫存資料檔
- 選擇次表
  近半年異動紀錄
  檔_母體

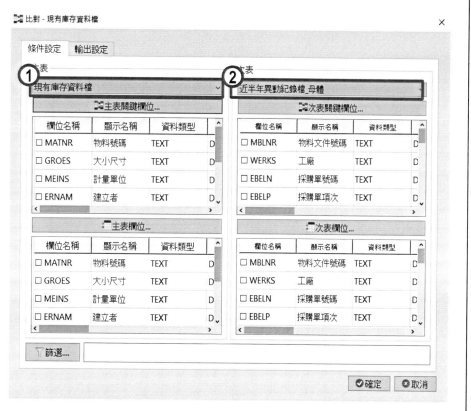

153

Step3：選擇查核關鍵欄位

- 設定主表關鍵欄位
  物料號碼(MATNR)
- 設定次表關鍵欄位
  物料號碼(MATNR)

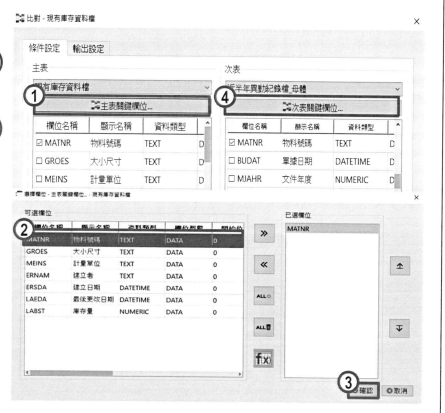

154

Step4：列出需要欄位

- 選取主表欄位全選
- 選取次表欄位不用選取

155

Step5：比對(Join)指令輸出設定

- 輸出至資料表 久未異動紀錄存貨
- 選擇比對類型 Unmatch Primary
- 點選確定

156

Step6：結果檢視

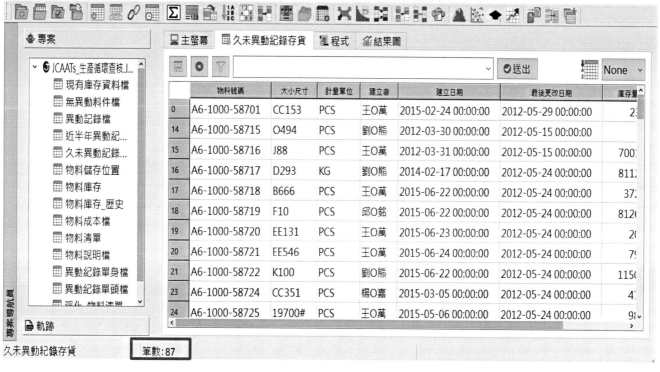

專案(P) 資料(D) 驗證(V) 分析(A) 程式(S) 文字探勘(T) 機器學習(M) 報表(R) 抽樣(O) 工具(K) 說明(H)

	物料號碼	大小尺寸	計量單位	建立者	建立日期	最後更改日期	庫存量
0	A6-1000-58701	CC153	PCS	王O萬	2015-02-24 00:00:00	2012-05-29 00:00:00	23
14	A6-1000-58715	O494	PCS	劉O熊	2012-03-30 00:00:00	2012-05-15 00:00:00	
15	A6-1000-58716	J88	PCS	王O萬	2012-03-31 00:00:00	2012-05-15 00:00:00	700
16	A6-1000-58717	D293	KG	劉O熊	2014-02-17 00:00:00	2012-05-24 00:00:00	811
17	A6-1000-58718	B666	PCS	王O萬	2015-06-22 00:00:00	2012-05-24 00:00:00	37
18	A6-1000-58719	F10	PCS	邱O銘	2015-06-22 00:00:00	2012-05-24 00:00:00	812
19	A6-1000-58720	EE131	PCS	王O萬	2015-06-23 00:00:00	2012-05-24 00:00:00	20
20	A6-1000-58721	EE546	PCS	王O萬	2015-06-24 00:00:00	2012-05-24 00:00:00	79
21	A6-1000-58722	K100	PCS	劉O熊	2015-06-22 00:00:00	2012-05-24 00:00:00	1150
23	A6-1000-58724	CC351	PCS	楊O嘉	2015-03-05 00:00:00	2012-05-24 00:00:00	4
24	A6-1000-58725	19700#	PCS	王O萬	2015-05-06 00:00:00	2012-05-24 00:00:00	98

久未異動紀錄存貨　　筆數：87

共87筆久未異動紀錄存貨須進行深入分析

 | **AI Audit Expert**

運用AI人工智慧
文字探勘資料分析技術
於稽核之應用與發展

文字探勘技術發展趨勢

» 自然語言處理(NLP)與**文字探勘(Text mining)**被美國麻省理工學院MIT選為未來十大最重要的技術之一，其也是重要的跨學域研究。

» 能先處理大量的資訊，再將處理層次提升

(Ex. **全文檢索→摘要→意見觀點偵測→找出意見持有者→找出比較性意見→做持續追蹤→**找出答案...

Info Retrieval→Text Mining→Knowledge Discovery

159

JCAATs 文字探勘指令：

- **模糊重複**：比對兩個字句的接近程度。

- **關鍵字**：找出文字欄位中常出現的詞或是權重字，成為查核的關鍵字，來進行更進階文字查核或比對。

- **文字雲**：功能類似關鍵字，以文字雲顯示文字的重要程度，提供文字視覺化分析。

- **情緒分析**：透過正向或負向詞的分析，累計計算判斷出文檔的情緒。

- **範例**：文字探勘在稽核應用如合約查核、工安申報查核、裁罰風險警示、黑名單比對、客戶留言風險分析、信用評核等

160

關鍵字-條件設定

- 可以對指定欄位，透過文字探勘的程序，自動進行斷詞、詞頻分析，產出此欄位之重要關鍵字，以供進行進階文字分析

欄位選擇器
文字欄位
文字出現次數
文字出現比率
反向權重值

字元值
語言

執行 TF-IDF 分析需要設定分類方式

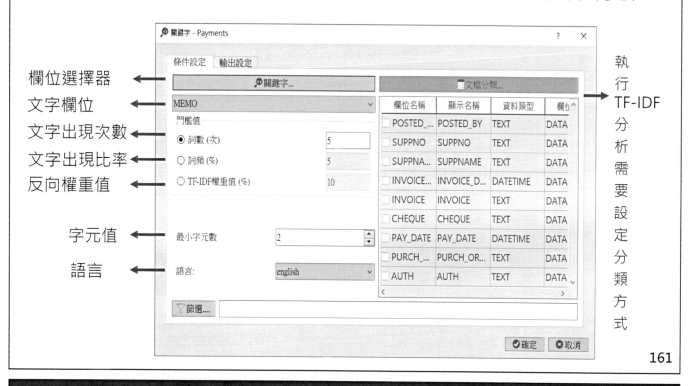

161

關鍵字-文字分析法

1. 建立 停用詞(STOPWORD)：

1) 先不選字典和停用詞列出關鍵字，讓使用者先了解AI系統出來的結果

2) 若是判斷出來關鍵字有許多數字與符號，可以選系統建立的停用詞數字和符號來增加關鍵字精確度

3) 匯出關鍵字，將不適合的關鍵字列為停用詞

2. 建立 自訂字典(Dictionary)：

1) 先不選字典和選停用詞列出關鍵字(詞組 ngram_range 1:1)的詞

2) 先不選字典和選停用詞列出關鍵字(詞組 ngram_range 1:2)的詞

3) 判斷是否有需要合併或是修正的關鍵字， 放入自訂字典檔中

162

文字雲-條件設定

- 使用**詞數**或**詞頻**先選字典和選停用詞列出關鍵字與文字雲，分析最常出現的重要關鍵字出現處
- 使用**TF-IDF(權重值)**，選擇文件分類的欄位，選字典和選停用詞列出關鍵字與文字雲，分析權重高特徵關鍵字

163

文字雲-結果圖

- 提供以特殊文字雲方式顯示關鍵字，其使用方式同關鍵字，關鍵字圖塊越大，代表其關鍵字值越大。

164

補充-文字探勘語言包

- JCAATs 基本使用 NLTK 語言分析。
- 對於一些亞洲文字類語言，使用下列的語言包:
  - 中文(繁體與簡體): import jieba
  - 日文(Japanese): import nagisa
  - 韓文(Korean): KoNLPy#
- 情緒字典: 大部分國家都有發展自己的情緒字典，可以到GitHub上去下載來裝到JCAATs上使用。

- 注意：標準系統僅安裝有 NLTK 和 jieba 語言包，其他語言包需要客製安裝，否則無法顯示正確字體於系統畫面上。

165

jacksoft | **AI Audit Expert**
www.jacksoft.com.tw

實務案例上機演練八：
AI人工智慧文字探勘
存貨高風險關鍵字分析

Copyright © 2023 JACKSOFT.

166

分析流程圖

(查核武功秘笈：關鍵字分析)

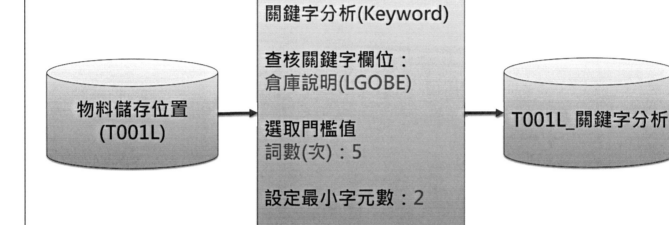

物料儲存位置 (T001L) → 關鍵字分析(Keyword)

查核關鍵字欄位：倉庫說明(LGOBE)

選取門檻值 詞數(次)：5

設定最小字元數：2

設定語言：Chinese

→ T001L_關鍵字分析

Step1：關鍵字查核

- 開啟查核資料表 物料儲存位置 (T001L)
- 點選文字探勘→ 關鍵字

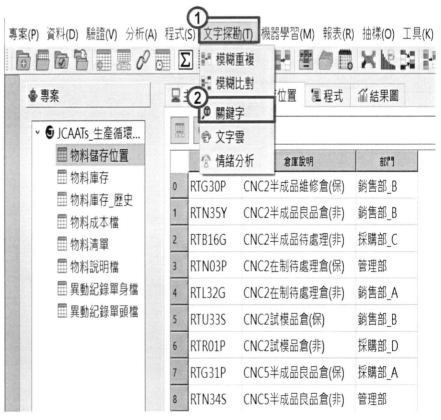

Step2：關鍵字(Keyword)參數設定

- 選擇範例資料表
  物料儲存位置
  (T001L)
- 設定關鍵欄位
  倉庫說明
  (LGOBE)
- 選取門檻值
  詞數(次)：5
- 設定最小字元數
  2
- 設定語言
  Chinese

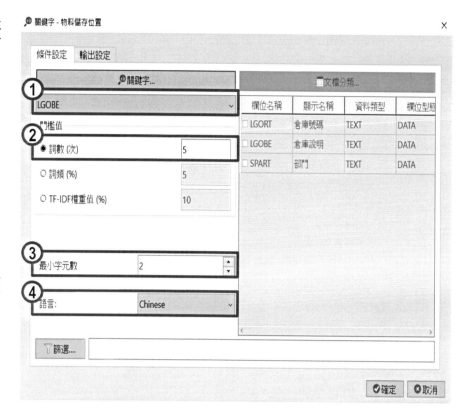

169

Step3：關鍵字(Keyword)輸出設定

- 輸出至資料表
  T001L_關鍵字分析
- 點選確定

可依需求進行設定

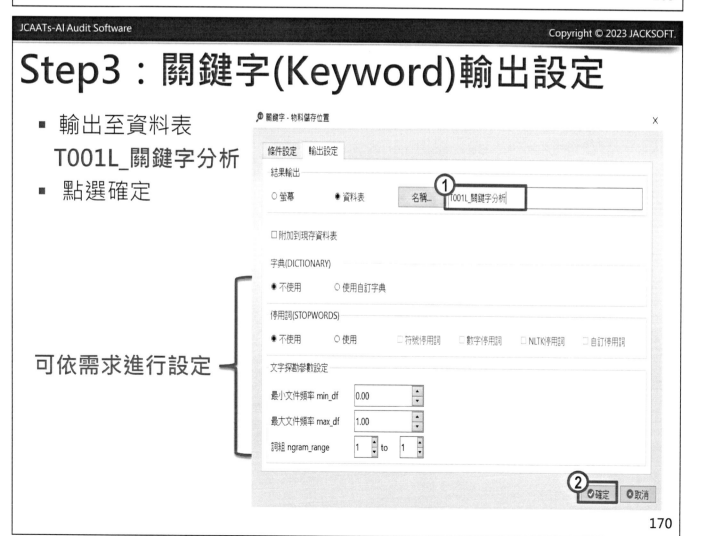

170

Step4：結果檢視

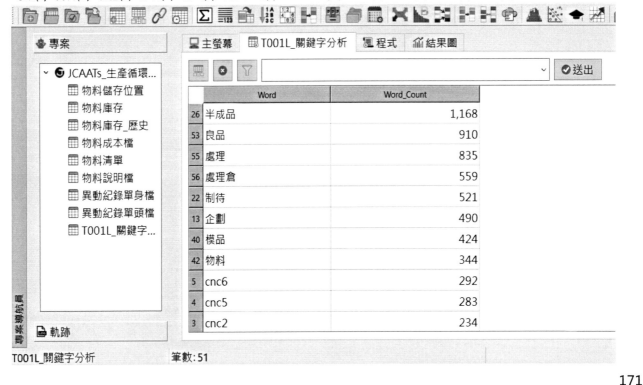

JCAATs- AI稽核軟體 專業版 3.2.011

專案(P) 資料(D) 驗證(V) 分析(A) 程式(S) 文字探勘(T) 機器學習(M) 報表(R) 抽樣(O) 工具(K) 說明(H)

主螢幕　T001L_關鍵字分析　程式　結果圖

	Word	Word_Count
26	半成品	1,168
53	良品	910
55	處理	835
56	處理倉	559
22	制待	521
13	企劃	490
40	模品	424
42	物料	344
5	cnc6	292
4	cnc5	283
3	cnc2	234

專案導航員

軌跡

T001L_關鍵字分析　　　　筆數:51

171

Step5：關鍵字(Keyword)圖表檢視

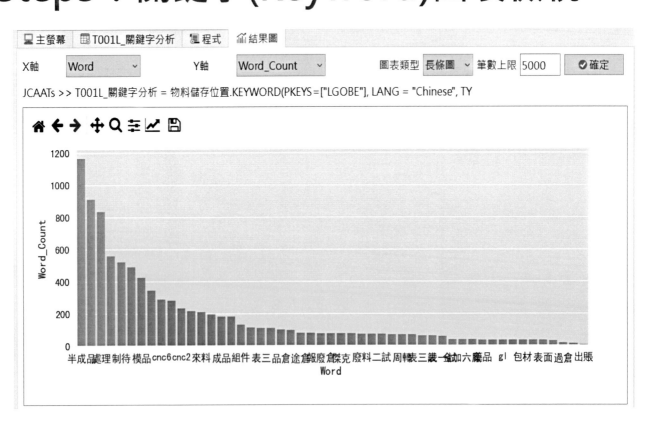

主螢幕　T001L_關鍵字分析　程式　結果圖

X軸 Word　　Y軸 Word_Count　　圖表類型 長條圖　筆數上限 5000　✅確定

JCAATs >> T001L_關鍵字分析 = 物料儲存位置.KEYWORD(PKEYS=["LGOBE"], LANG = "Chinese", TY

172

Step6：視覺化圖形設定-放大功能

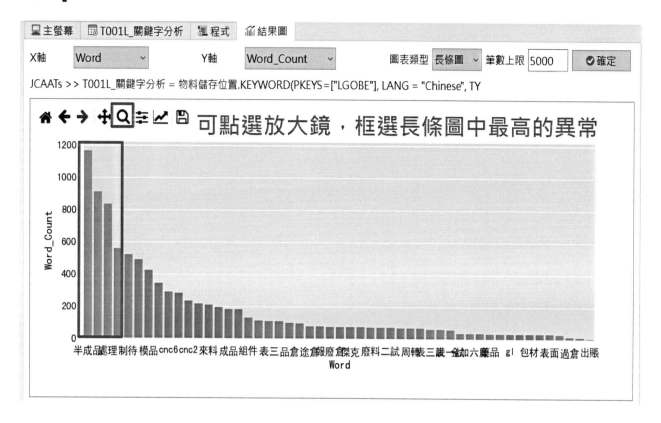

可點選放大鏡，框選長條圖中最高的異常

Step7：視覺化圖形設定-下探篩選資料

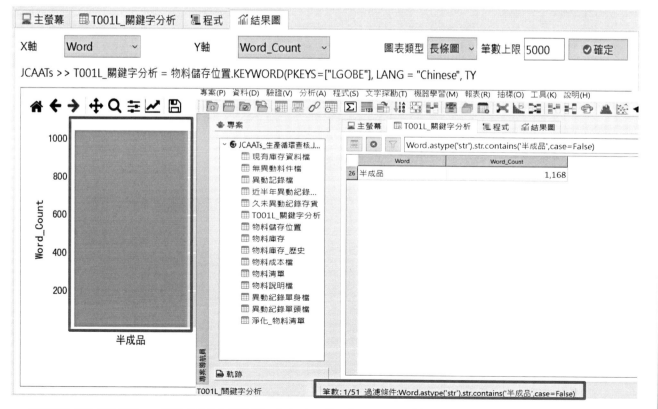

雙擊長條圖，下探篩選資料中含有明顯差異資料

jacksoft | AI Audit Expert

實務案例上機演練九：
AI人工智慧文字探勘
存貨文字雲分析

分析流程圖

(查核武功秘笈：文字雲分析)

物料儲存位置 (T001L)	→	文字雲分析(TextCloud) 文字雲欄位選擇： 倉庫說明(LGOBE) 選取門檻值 TF-IDF權重值：5 設定最小字元數：2 設定語言：Chinese	→	T001L_文字雲分析

Step1：文字雲分析

- 開啟查核資料表
物料儲存位置
(T001L)
- 點選文字探勘→
文字雲

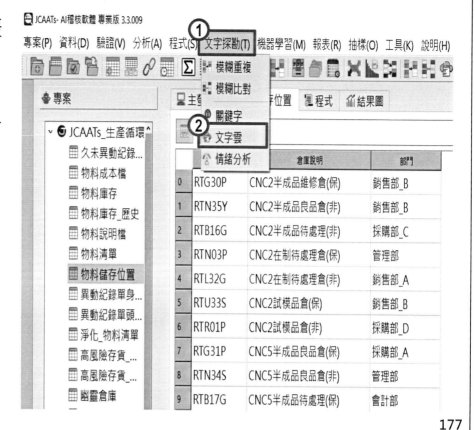

177

Step2：文字雲(Text Cloud)參數設定

- 選擇範例資料表
物料儲存位置
(T001L)
- 設定關鍵欄位
倉庫說明
(LGOBE)
- 選取門檻值
TF-IDF權重值5
- 設定最小字元數
2
- 設定語言
Chinese

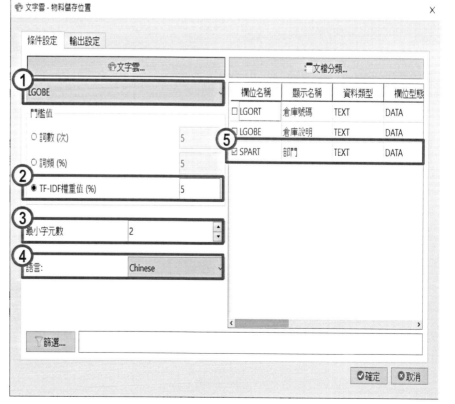

178

Step3：文字雲(Text Cloud)輸出設定

- 輸出至資料表
  T001L_文字雲分析
- 點選確定

可依需求進行設定

179

Step4：文字雲(Text Cloud)圖表檢視

180

Step5：輸出結果-存檔

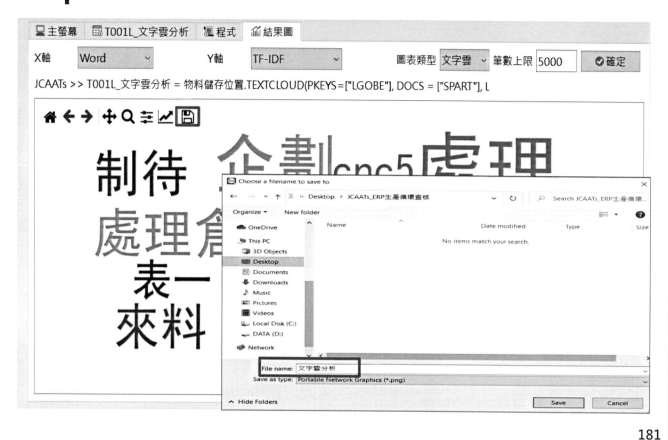

Step6：分析輸出結果-長條圖

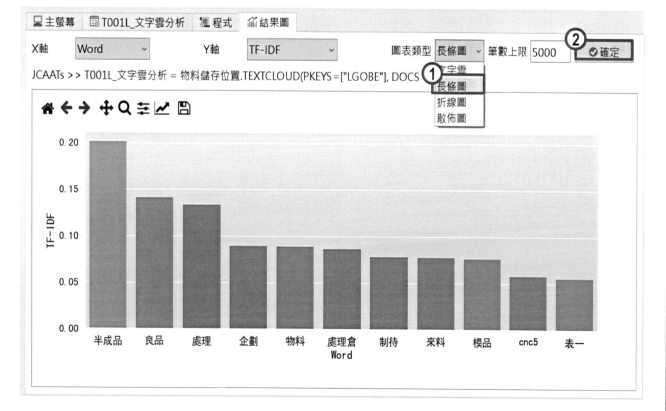

Step7：視覺化圖形設定-放大功能

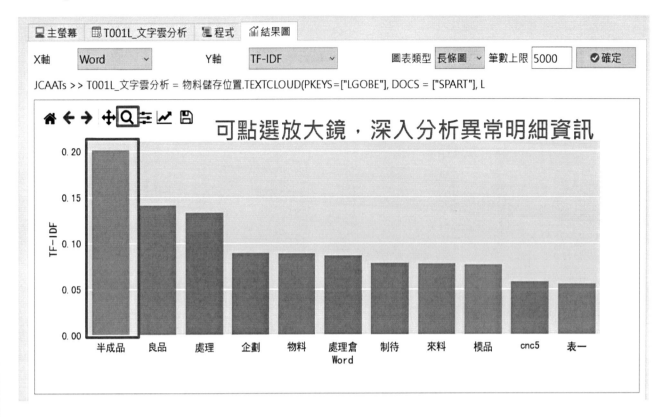

可點選放大鏡，深入分析異常明細資訊

持續性稽核及持續性監控管理架構

電腦輔助稽核
技術(CAATs)

- 組織目標與查核標的 → 稽核關鍵績效指標
- 風險 ↔ 持續性風險監督 ↔ 關鍵風險指標
- 控制 ← 持續性控制目標
- CAATs 工具
- 針對需求所撰寫的電腦稽核程式
- 企業資料
- 自動化稽核元件
- 持續性稽核分析儀表板
- 異常警告自動通知

參考資料來源：會研月刊

如何建立JCAATs專案持續稽核

- 持續性稽核專案進行六步驟：

| 1 資料 | → | 2 程式 | → | 3 設定 | → | 4 排程 | → | 5 執行 | → | 6 通知 |

▲稽核自動化：

- 電腦稽核主機 - 一天可以工作24 小時

建置持續性稽核APP的基本要件

- 將手動操作分析改為自動化稽核
  - 將專案查核過程轉為JCAATs Script
  - 確認資料下載方式及資料存放路徑
  - JCAATs Script修改與測試
  - 設定排程時間自動執行

- 使用持續性稽核平台
  - 包裝元件
  - 掛載於平台
  - 設定執行頻率

JACKSOFT的JBOT
存貨管理稽核機器人實作範例

存貨管理查核機器人.exe

安裝 ➡

選取欲查核程式- [JTK20221129110125] -JTK 專業版 Version 7.0 　　　— □ ✕

選取所需的查核程式
可動態的選取所要查核的項目,加速查核作業。

上一步　執行分析　專案存檔　取消

基本資料
專案名稱:	JTK20221129110125	資料來源:	資料倉儲
模組名稱:	法令遵循	建立時間:	2022/11/29 11:01:25
作業名稱:	異常帳戶管理作業查核		

欲查核之稽核程式
☑ 全選

選取	元件編號	元件名稱	稽核目
☑	JS3C0001	存貨分層分析	查核是否存在高風險存貨
☑	JS3C0002	幽靈倉儲查核	查核確認是否存在幽靈倉儲
☑	JS3C0003	無異動存貨分析查核	查核確認是否存在無異動或
☑	JS3C0004	久未異動存貨呆滯查核	查核是否有無異動存貨期間小於180天的情形
☑	JS3C0005	高風險存貨關鍵字查核	查核倉儲是否存在高風險關鍵字

187

AI智慧化稽核流程

**~透過最新AI稽核技術建構內控三道防線的有效防禦,
協助內部稽核由事後稽核走向事前稽核~**

事後稽核

查核規劃	程式設計	執行查核	結果報告
■ 訂定系統查核範圍,決定取得及讀取資料方式	■ 資料完整性驗證,資料分析稽核程序設計	■ 執行自動化稽核程式	■ 自動產生稽核報告

事前稽核

成果評估	預測分析	機器學習	學習資料
■ 預測結果評估	■ 執行預測	■ 執行訓練	■ 建立學習資料

監督式機器學習　　　非監督式機器學習

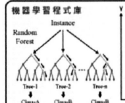

持續性稽核與持續性機器學習
協助作業風險預估開發步驟

188

JTK 持續性電腦稽核管理平台

📣 **超過百家**客戶口碑肯定 持續性稽核**第一品牌**

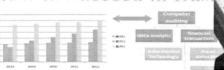

無 縫 接 軌 AI 智 慧 稽 核 新 作 業 環 境

透過最新 AI 智能大數據資料分析引擎，進行持續性稽核 (Continuous Auditing) 與持續性監控 (Continuous Monitoring) 提升組織韌性，協助成功數位轉型，提升公司治理成效。

📁 海量資料分析引擎

利用CAATs不限檔案容量與強大的資料處理效能，確保100%的查核涵蓋率。

🔒 資訊安全 高度防護

加密式資料傳遞、資料遮罩、浮水印等資安防護，個資有保障，系統更安全。

🔭 多維度查詢稽核底稿

可依稽核時間、作業循環、專案名稱、分類查詢等角度查詢稽核底稿。

📊 多樣圖表 靈活運用

可依查核作業特性，適性選擇多樣角度，對底稿資料進行個別分析或統計分析。189

JTK 持續性電腦稽核管理平台

開發稽核自動化元件　　經濟部發明專利第 I380230號　　**稽核結果E-mail 通知**

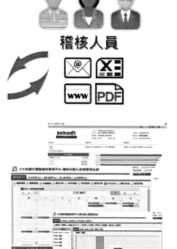

稽核元件知識庫

電腦稽核軟體

持續性電腦稽核/監控管理平台
Jacksoft ToolKits For Continuous Auditing, JTK

稽核人員

稽核知識管理
稽核自動化元件
管理系統
(後台)

異常報告分析
稽核自動化底稿
管理系統
(前台)

稽核自動化元件管理　　　　**稽核自動化底稿管理與分享**

■稽核自動化：電腦稽核主機
一天24小時一周七天的為我們工作。

JTK | Jacksoft ToolKits For Continuous Auditing
The continuous auditing platform

190

JTK持續性稽核平台儀表板

電腦稽核軟體應用學習Road Map

資安科技 | 永續發展 | 稽核法遵

CIAP Certified Internet Audit Professional 國際網際網路稽核師

CDAP Certified Database Audit Professional 國際資料庫電腦稽核師

ICEA International Certificate ESG Auditor ICEA國際ESG稽核師

CEAP Certified ERP Audit Professional 國際ERP電腦稽核師

CFAP Certified e-Forensic Accounting Professional 國際鑑識會計稽核師

ICCP International Certified CAATs Practitioner 國際電腦稽核軟體應用師

GRC CAATs

AI CAATs

專業級證照- ICCP

國際電腦稽核軟體應用師(專業級)
International Certified CAATs Practitioner

CAATs
-Computer-Assisted Audit Technique

強調在電腦稽核輔助工具使用的職能建立

職能	說明
目的	證明稽核人員有使用電腦稽核軟體工具的專業能力。
學科	電腦審計、個人電腦應用
術科	CAATs 工具

CAATTs and Other BEASTs for Auditors
by David G. Coderre

CAATTs® and Other BEASTs** for Auditors

by David G. Coderre

歡迎加入 法遵科技 Line 群組
~免費取得更多電腦稽核應用學習資訊~

法遵科技知識群組

有任何問題，歡迎洽詢 JACKSOFT
將會有專人為您服務
官方Line：@709hvurz

「法遵科技」與「電腦稽核」專家

www.jacksoft.com.tw

傑克商業自動化股份有限公司 台北市大同區長安西路180號3F之2(基泰商業大樓) 知識網:www.acl.com.tw
TEL:(02)2555-7886   FAX:(02)2555-5426   E-mail:acl@jacksoft.com.tw

參考文獻

1. 黃秀鳳，2023，JCAATs 資料分析與智能稽核，ISBN9789869895996

2. 黃士銘，2022，ACL 資料分析與電腦稽核教戰手冊(第八版)，全華圖書股份有限公司出版，ISBN 9786263281691.

3. 黃士銘、嚴紀中、阮金聲等著(2013)，電腦稽核－理論與實務應用(第二版)，全華科技圖書股份有限公司出版。

4. 黃士銘、黃秀鳳、周玲儀，2013，海量資料時代，稽核資料倉儲建立與應用新挑戰，會計研究月刊，第 337 期，124-129 頁。

5. 黃士銘、周玲儀、黃秀鳳，2013，"稽核自動化的發展趨勢"，會計研究月刊，第 326 期。

6. 黃秀鳳，2011，JOIN 資料比對分析-查核未授權之假交易分析活動報導，稽核自動化第 013 期，ISSN:2075-0315。

7. 黃士銘、黃秀鳳、周玲儀，2012，最新文字探勘技術於稽核上的應用，會計研究月刊，第 323 期，112-119 頁。

8. 2022，ICAEA，"國際電腦稽核教育協會線上學習資源"
https://www.icaea.net/English/Training/CAATs_Courses_Free_JCAATs.php

9. Galvanize，2021，"Death of the tick mark"
https://www.wegalvanize.com/assets/ebook-death-of-tickmark.pdf

10. IIA，2021，"2021 INTERNATIONAL CONFERENCE"

11. SEC，2020，"SEC Charges Manitex International and Three Former Senior Executives With Accounting Fraud"
https://www.sec.gov/news/press-release/2020-237

12. Galvanize，2019，"7-steps-performance-enhancing"
https://www.wegalvanize.com/assets/ebook-7-steps-performance-enhancing-erm.pdf?mkt_tok=NDk3LVJYRS0wMjkAAAF8_QqMmBDzOnU6lkn-lue3HMw67IYaoHvD6gaAm7-fr4ZqSwv3ITJnQ5V9FcL75SU9K2P3l1e-JaLMPrVwLfDwg53p1js8vIPSgBIERVQHLgM

13. CENT，2016，"Apple factory manager indicted for stealing thousands of iPhones"
https://www.cnet.com/tech/mobile/foxconn-manager-indicted-for-stealing-thousands-of-iphones-apple/

14. eBooks，2007，"Internal Audit Handbook"
https://www.ebooks.com/en-tw/book/372077/internal-audit-handbook/c-boecker/?_c=1

15. Amazon，2006，"Security, Audit and Control Features SAP R/3: A Technical and Risk Management Reference Guide, 2nd Edition"
https://www.amazon.com/gp/product/images/1933284307/ref=dp_image_0?ie=UTF8&n=283155&s=books

16. AICPA，美國會計師公會稽核資料標準
    https://us.aicpa.org/interestareas/frc/assuranceadvisoryservices/auditdatastandards

17. Python，
    https://www.python.org/

18. 運用 AI 人工智慧從事後稽核走向事前風險偵測與預防
    https://practicalanalytics.files.wordpress.com/2016/03/rpa-picture.png

19. ACL，"文字分析技術架構"

作者簡介

黃秀鳳 Sherry

現　　任

傑克商業自動化股份有限公司 總經理

ICAEA 國際電腦稽核教育協會 台灣分會 會長

台灣研發經理管理人協會 秘書長

專業認證

國際 ERP 電腦稽核師(CEAP)

國際鑑識會計稽核師(CFAP)

國際內部稽核師(CIA) 全國第三名

中華民國內部稽核師

國際內控自評師(CCSA)

ISO 14067:2018 碳足跡標準主導稽核員

ISO27001 資訊安全主導稽核員

ICEAE 國際電腦稽核教育協會認證講師

ACL Certified Trainer

ACL 稽核分析師(ACDA)

學　　歷

大同大學事業經營研究所碩士

主要經歷

超過 500 家企業電腦稽核或資訊專案導入經驗

中華民國內部稽核協會常務理事/專業發展委員會 主任委員

傑克公司 副總經理/專案經理

耐斯集團子公司 會計處長

光寶集團子公司 稽核副理

安侯建業會計師事務所 高等審計員

國家圖書館出版品預行編目(CIP)資料

運用 AI 人工智慧協助 SAP ERP 存貨管理電腦稽核實
例演練 / 黃秀鳳作. -- 1 版. -- 臺北市：傑
克商業自動化股份有限公司, 2023.09
面 ; 公分. -- (國際電腦稽核教育協會認
證教材)(AI 智能稽核實務個案演練系列)
ISBN 978-626-97151-9-0(平裝)

1. CST: 稽核 2. CST: 管理資訊系統 3. CST: 人
工智慧 4. CST: 庫存管理

494.28   112015707

運用 AI 人工智慧協助 SAP ERP 存貨管理電腦稽核實例演練

作者 / 黃秀鳳
發行人 / 黃秀鳳
出版機關 / 傑克商業自動化股份有限公司
地址 / 台北市大同區長安西路 180 號 3 樓之 2
電話 / (02)2555-7886
網址 / www.jacksoft.com.tw
出版年月 / 2023 年 09 月
版次 / 1 版
ISBN / 978-626-97151-9-0